AF814117

Wärmepumpen ohne Vorkenntnisse

Innerhalb von 7 Tagen unabhängig von Öl und Gas

Benjamin Spahic

Impressum:

PBD Verlag

Autor: Benjamin Spahic
Anschrift:
Benjamin Spahic
Konradin-Kreutzer-Str. 12
76684 Östringen

Lektor: Stefan Maier
Cover: Kim Nusko
ISBN Taschenbuch: 979-8825594262
ISBN Hardcover: 979-8826361047

E-Mail: BenjaminSpahic@pbd-verlag.de
LinkedIn: Benjamin Spahic
Wärmepumpen ohne Vorkenntnisse
Ersterscheinung 12.05.2022
Vertrieb durch kindledirectpublishing
Amazon Media EU S.à r.l., 5 Rue Plaetis, L-2338, Luxembourg

Disclaimer

Dieser Ratgeber wurde nach bestem Wissen und Gewissen verfasst, jedoch können trotz mehrfacher Durchsicht Unklarheiten oder Irrtümer nicht vollkommen ausgeschlossen werden. Außerdem stecken wir mitten in einem energetischen Umbruch. Gesetze, Vorschriften oder auch Anreize und Förderungen werden regelmäßig überarbeitet und angepasst.

Daher kann keinerlei Gewähr für die Aktualität, Korrektheit, Vollständigkeit oder Qualität der bereitgestellten Informationen übernommen werden. Haftungsansprüche gegen den Verfasser, welche sich auf Schäden materieller oder ideeller Art beziehen, die durch die Nutzung der dargebotenen Informationen bzw. durch die Nutzung fehlerhafter und unvollständiger Informationen verursacht wurden, sind ausgeschlossen. Das Buch stellt in keiner Art und Weise eine professionelle Anlage-, Investitions-, Vermögens- oder Steuerberatung dar und ersetzt diese auch nicht. In diesem Buch werden keine Garantien oder Versprechungen zu Gewinnen gemacht. Alle Aussagen entsprechen der subjektiven Meinung des Autors.

Bei konstruktiver Kritik, Vorschlägen für weitere Kapitel, Änderungen oder Fehlerkorrektur nehmen Sie bitte umgehend Kontakt über die E-Mail-Adresse im Impressum auf.

Inhaltsverzeichnis

1 Vorwort und Einleitung 9

2 Physikalische Grundlagen 12

2.1 Atome, Elektronen, Protonen 12

2.2 Spannung, Stromstärke, Leistung 13

2.3 Energie und der Wirkungsgrad 16

2.4 Energiebetrachtung in Wohngebäuden 16

2.5 Energieerhaltung und Wirkungsgrad 18

2.6 Über- und Unterdruck 20

3 Technischer Aufbau einer Wärmepumpe 24

3.1 Vorteile und Einsatzbereiche einer Wärmepumpe 24

3.2 Technische Notwendigkeit einer Wärmepumpe 33

3.3 Verdampfer 35

3.4 Verdichter 37

3.5 Kondensator und Expansionsventil 39

3.6 Elektronik und Wärmetauscher 41

3.7 Leistungszahlen 43

3.8 Umweltfreundlichkeit von Wärmepumpen 48

4 Verschiedene Arten von Wärmepumpen 52

4.1 Sole-Wasser-Wärmepumpe 52

4.2 Wasser-Wasser-Wärmepumpe 56

4.3 Luft-Wasser-Wärmepumpe 61

4.4 Brauchwasser-Wärmepumpe 67

4.5 Luft-Luft-Wärmepumpe 69

4.6 Hybrid-Heizsysteme 72

4.7 Gegenüberstellung der Wärmepumpentypen 75

4.8 Pufferspeicher und Legionellen 77
5 Auslegung und Wirtschaftlichkeit 82
5.1 Heizbedarf und Heizleistung berechnen 82
5.2 BAFA- und KfW-Förderung 88
5.3 Auslegung der Wärmepumpe 92
5.4 Wirtschaftlichkeitsbetrachtung 96
5.5 Kostenvergleich Gas, Öl, Wärmepumpe 103
5.6 Zusammenfassung der Wirtschaftlichkeitsberechnung 105
5.7 Wärmepumpentarif 106
6 Umsetzung 108
6.1 Angebote einholen und vergleichen 108
6.2 Montage und Inbetriebnahme 111
6.3 Elektrischer Anschluss der Wärmepumpe 117
6.4 Kosten sparen und selbst installieren? 118
6.5 Wartung, Lebensdauer und Nachhaltigkeit 120
7 Tipps und häufige Fehler 124
7.1 Photovoltaikanlage 124
7.2 Dämmung und Flächenheizungen 132
7.3 Einstellungen und Smart Home 139
7.4 Dimensionierung und Montage 144
7.5 Wärmepumpe zur Kühlung 147
8 Praxisbeispiele 150
8.1 Wärmepumpe im Neubau 150
8.2 Heizungstausch im Bestandsgebäude 155
8.3 Wärmepumpe in Altbauten 162
9 Schlusswort 171

10 Checkliste Wärmepumpen 172

Gratis E-Book 176

1 Vorwort und Einleitung

Wollen wir uns nicht alle unabhängiger von Großkonzernen machen, die Umwelt entlasten und gleichzeitig jede Menge Geld und Energie sparen? Das klingt auf den ersten Blick zu schön, um wahr zu sein, aber eine Wärmepumpe, als Heizung in den eigenen vier Wänden, vereint alle diese Möglichkeiten.

Angetrieben durch die Energiewende werden die strombetriebenen Heizungspumpen immer mehr zum Standard der Wärmeversorgung und lösen konventionelle Heizmethoden, wie Ölheizungen oder Gasheizungen, ab. Zukünftig ist von politischer Seite aus geplant, dass in nahezu jedem Neubau und bei jeder Heizungserneuerung eine CO_2-neutraleAlternative eingebaut wird.

Bis ins Jahr 2030 sollen insgesamt 10 Millionen Wärmepumpen installiert werden.

Der Sinneswandel der Politik ist nicht unbegründet.

Mittlerweile sind direkte Auswirkungen des Klimawandels in Form von häufigeren Naturkatastrophen oder länger anhaltende Trockenperioden spürbar.

Wenn wir nichts ändern, werden die Meeresspiegel weiter steigen. Dürren und Überschwemmungen werden weltweite Hungersnöte auslösen. Circa 30 % der weltweiten Agrarflächen sind gefährdet, Ernteerträge sinken, und das Essen wird teurer. Es wird davon ausgegangen, dass bei einer Erwärmung von 2 °C über 200 Millionen Menschen zu wenig Zugang zu Lebensmitteln bekommen werden. Bei einer Erwärmung von 4 °C geht man von über 1,8 Milliarden Menschen aus. Das entspricht circa der dreifachen Population Europas.

Seit mehreren Jahrzehnten warnen Klimaforscher und Klimaforscherinnen vor dem menschengemachten Einfluss auf unser Wetter.

Bereits 1980 wurde der Ausbau von erneuerbaren Energien und alternativen Heizsystemen als Reaktion auf die damalige Ölkrise erheblich vorangetrieben. Jedoch wird der Ausbau seit Jahrzehnten von großen Ölkonzernen und Kohlekraftwerksbetreibern systematisch ausgehebelt.

Mittlerweile sind wir an einem Punkt angekommen, an dem der Druck der Bevölkerung, der Wissenschaft und der *Fridays for Future*-Bewegung so groß geworden ist, dass selbst konservative Politiker und Vorstände von großen Ölkonzernen das Ziel Zero-CO_2 ausgerufen haben.

Lange war man sich in der Politik uneinig, ob oder wann man die Energiewende umsetzen solle. Mittlerweile ist klar, dass die Energiewende kommen wird, und zwar so schnell wie möglich. Ob dieser Sinneswandel zu spät kommt, wird sich zeigen.

Die uns bevorstehende Transformation wird gigantisch sein. Und wie immer bei großen Veränderungen, wird es Menschen geben, die von der Energiewende profitieren werden. Es wird aber auch jene geben, die die Rechnung für jahrelange Misswirtschaft der Politik tragen müssen, beispielsweise durch höhere Heiz-, Strom- oder Kraftstoffkosten.

Seit Jahren gewinnen Wärmepumpen immer mehr an Bedeutung, die Absatzzahlen steigen unaufhaltsam.

Abbildung 1 Absatzentwicklung von Wärmepumpen

An dieser Stelle setzt das Kernthema dieses Buches an: die Selbstversorgung von Wärmeenergie mithilfe einer Wärmepumpe. Eine Wärmepumpe für die Wärmeversorgung des Eigenheims war noch nie so wirtschaftlich wie heutzutage. Nicht nur, dass man über die Lebensdauer der Wärmepumpe bares Geld spart, man macht sich auch unabhängig von Energieversorgern und Gaslieferungen aus dem Ausland und treibt dabei die Entwicklung und den Ausbau klimaneutraler Heizungssysteme mit voran.

Es ist also sinnvoll, sich frühzeitig mit dem Thema Wärmepumpen und alternativen Wärmeerzeugern auseinanderzusetzen. Egal, ob zunächst die Heizlast der Bestandsheizung reduziert werden soll oder ob direkt ein Neubau mit einer Wärmepumpe versorgt wird. Die physikalischen Grundlagen sind bei all diesen Einsatzbereichen identisch.

In diesem Buch lernen wir nicht nur die Grundlagen der Elektronik, sondern auch die konkrete Berechnung sowie die Auslegung des individuellen Heizbedarfs für eine passende Wärmepumpe kennen. Worauf muss man bei einem Angebot vom Heizungsfachmann achten? Welche Anlagentypen gibt es? Welche Tricks können die Effizienz steigern?

All diese und viele weitere Fragen werden im Verlauf dieses Buches beantwortet. Beginnend bei den Grundlagen von Strom und Spannung über die Auswahl konkreter Bauteile, bis hin zur ausführlichen Wirtschaftlichkeitsberechnung wird nichts ausgelassen. Vervollständigt werden die Themengebiete mit konkreten Fallbeispielen am Ende dieses Ratgebers.

Dabei werden stets aktuelle Beispiele angeführt und tiefergehende Hintergründe beleuchtet, sodass auch Sie schon bald Teil der Wärmewende sein werden und von ihr profitieren können.

Zur besseren Struktur sind im Buch an bestimmten Stellen immer wieder folgende Icons zu finden:

Rechensymbole: Hier wird es komplexer. Es wird ein Exkurs oder eine mathematische Herleitung angeführt. Die Herleitung eines Themengebiets ist für das Verständnis hilfreich, jedoch nicht essenziell notwendig und eher für Wissbegierige gedacht.

Glühbirne: Hier werden die Kernpunkte eines Kapitels zusammengefasst. Diese Aussagen eignen sich gut zum Nachschlagen oder wenn man ein Themengebiet noch einmal überfliegen möchte.

Achtung: Hier werden häufige Fehler genannt. Es wird gezeigt, wo und warum man häufig Hindernisse oder falsche Annahmen trifft.

Taschenrechner: Beispielrechnungen oder Verständnisfragen zum Nachvollziehen und Verinnerlichen.

Jetzt wünsche ich Ihnen viel Spaß beim Lesen und Eintauchen in die wundervolle Welt der klimaneutralen Heiztechniken.

2 Physikalische Grundlagen

Das Thema „Wärmepumpen“ kann sehr schnell sehr technisch werden. Vor allem Leser, die technisch nicht sehr versiert sind, verwenden dabei Begrifflichkeiten oftmals fehlerhaft. Beispielsweise verwenden Politiker oder Gäste in öffentlichen Talkshows immer wieder unpassende Größen und Einheiten. Dies führt bei Physikern häufig zu Unverständnis und Kopf schütteln.

Um das zu vermeiden, schauen wir uns die wichtigsten physikalischen Größen und deren Zusammenhänge genau an.

Die folgenden Definitionen wurden aus dem Buch ***„Elektrotechnik ohne Vorkenntnisse – Die Grundlagen in 7 Tagen verstehen“*** übernommen. Das Buch ergänzt die Buchreihe des Autors und ist ähnlich anfängerfreundlich aufgebaut wie das vorliegende Buch.

Wer die Elektrotechnik grundlegend und weitgehend verstehen möchte, für den empfiehlt sich dieser Ratgeber.

Die folgenden Abschnitte sind primär für Technikinteressierte, die die physikalischen Hintergründe verstehen möchten. Sollten die letzten Berührpunkte mit Mathematik und Physik schon einige Jahre zurückliegen, können die Themen trotz mehrfacher Vereinfachung teilweise schwer nachvollziehbar sein. Will man lediglich eine Wärmepumpe in den Heizraum des Eigenheims installieren lassen, ist das Verständnis der technischen Hintergründe nicht essenziell notwendig.

Daher ist es vollkommen akzeptabel, wenn nicht alles bis ins kleinste Detail aufgenommen wird. Oftmals reicht es aus, die Kernaussagen im Kopf zu behalten. Am Ende der Abschnitte werden die wichtigsten Formeln und Einheiten zusammengefasst.

2.1 Atome, Elektronen, Protonen

Um verschiedene Effekte der Elektrotechnik verstehen zu können, werfen wir zunächst einen Blick auf die Grundbausteine der Physik: die Atome. Jedes Material besteht in der kleinsten Ebene aus Atomen. Ein Atom besteht aus positiv geladenen Teilchen; den *Protonen*, Teilchen ohne Ladung; den *Neutronen*, und negativ geladenen Teilchen; den *Elektronen*.

Da die Ladung eines Atoms insgesamt neutral ist, hat es entsprechend gleich viele Elektronen wie Protonen. Die Protonen und Neutronen bilden den Atomkern, während die Elektronen um den Kern rasen. Im Atomkern ist beinahe die komplette Masse des Atoms vereint.

Jedes Element, wie Wasserstoff, Sauerstoff, Kohlenstoff, Eisen oder auch Nickel, Kupfer und Zink, hat eine ganz bestimmte, einzigartige Anzahl an Protonen und Elektronen, die das Element zusammenhalten.

Das kleinste und leichteste Element ist Wasserstoff. Es hat die Ordnungszahl 1, das bedeutet, dass es lediglich aus einem einzelnen Proton und einem Elektron besteht. Neutronen besitzt es keine.

Ein Molekül, wie Kohlenstoffdioxid, entsteht, wenn sich mehrere Atome verbinden. In diesem Fall ein Kohlenstoffatom mit zwei Sauerstoffmolekülen zu CO_2. Daher auch der Name Kohlenstoff - Di (zwei) Oxid (Oxid - Sauerstoffverbindung). Moleküle können durch verschiedene Reaktionen auch unter normalen Bedingungen entstehen. Beispielsweise ist das Rosten von Metall eine Reaktion von Eisen (Fe) und Sauerstoff (O) zu Eisenoxid (Fe_20_3) - der roten Rostschicht. Diese grundlegende Funktionsweise, dass sich Elemente durch äußere Einflüsse mit anderen Elementen verbinden und dabei Energie aufnehmen oder abgeben ist essenziell für unser Leben und wird auch noch häufiger von Bedeutung sein.

2.2 Spannung, Stromstärke, Leistung

Die Grundlage für Strom und Spannung bilden geladene Teilchen, wie **Elektronen** und **Protonen**, die in jedem Atom vorkommen. Durch verschiedene elektromagnetische Prozesse können sich geladene Teilchen an einem Ort anhäufen. Beispielsweise indem ein Magnet, wie er in einem Dynamo verbaut ist, in unmittelbarer Nähe eines Stück Eisens rotiert.

Das **elektrische Potenzial**, oder auch **elektrostatisches Potenzial** genannt, beschreibt dabei vereinfacht ausgedrückt die Menge der Elektronen bzw. der geladenen Teilchen, die an einem Ort, beispielsweise in einem Stück Draht, vorhanden sind.

Die Ansammlung geladener Teilchen beschreibt man als einen **Plus-** oder **Minuspol**, je nachdem, ob ein Elektronenüberschuss (Minuspol) oder ein Elektronenmangel (Pluspol) vorhanden ist.

Die Differenz zweier elektrischer Potenziale nennt man die **Spannung U**. Diese hat die Einheit **Volt**, abgekürzt mit **V**.

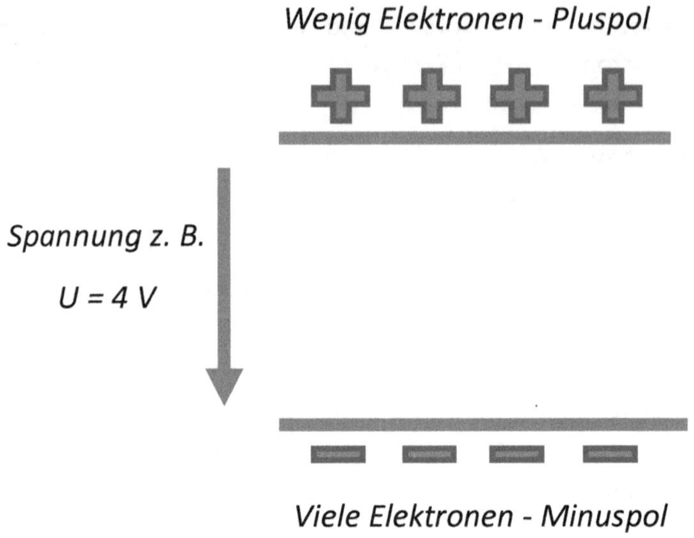

Abbildung 2 Potenzialdifferenz durch Ansammlung von Ladungsträgern

Bei einer Spannung ist immer darauf zu achten, dass sie lediglich eine **Potenzialdifferenz** angibt. Daher benötigt man immer ein **Bezugspotenzial**. Oftmals geht bereits aus dem Kontext hervor, worauf man sich bezieht.

Vergleichbar ist dieser Zusammenhang, mit der Beschreibung der Höhe eines Objekts. Man sagt: „Das Haus ist 10 m *hoch*." Dabei ist klar, dass damit gemeint ist, dass der höchste Punkt des Hauses 10 Meter über die Erdoberfläche hinausragt. Die Erdoberfläche ist dabei das Bezugspotenzial bzw. die Bezugshöhe.

Ebenso benötigt man in der Elektrotechnik für eine Spannung immer ein Bezugspotenzial. Ein Beispiel verdeutlicht das:

Eine normale AA-Batterie hat eine Spannung von 1,5 V. Das bedeutet, dass der Pluspol, also der obere Kontaktpunkt der Batterie, ein um 1,5 V höheres elektrisches Potenzial als der Minuspol besitzt. Vereinfacht sind am Minuspol 1,5 V „mehr" Elektronen als am Pluspol.

Das ist bereits alles, was wir wissen müssen, um die physikalische Größe der Spannung verstehen zu können.

Als Nächstes sehen wir uns den Begriff **Strom** an. Als Strom wird umgangssprachlich alles bezeichnet, was in irgendeiner Weise mit Elektrizität zu tun hat. Aber was ist Strom physikalisch betrachtet?

Strom ist eine gerichtete Bewegung von Ladungsträgern, beispielsweise wenn Elektronen durch ein Kabel wandern.

Wenn Elektronen von einem Pol zu einem anderen wandern, nennen wir das einen **Stromfluss**. Das passiert, weil an einem Pol ein Elektronenüberschuss und am anderen Pol ein Elektronenmangel herrscht. Als Resultat findet eine Ausgleichsbewegung, ein Stromfluss, statt.

Ein Maß für die Stärke des Elektronenflusses ist die physikalische Größe, welche als **Stromstärke** bezeichnet und mit dem Formelzeichen **I** abgekürzt wird. Ihre Einheit ist das Ampere, abgekürzt mit **A**.

Nachdem wir Spannung und Stromstärke kennengelernt haben, schauen wir uns die elektrische Leistung näher an. Aus Strom und Spannung ergibt sich die physikalische Größe **Leistung**, welche mit einem **P** abgekürzt wird.

Die Leistung ist eine physikalische Größe und bezeichnet die **Energie** bzw. Arbeit, die in einer **bestimmten Zeit** umgesetzt wird.

Die Einheit der Leistung ist das **Watt**, abgekürzt **W**.

Die Leistung ist das, was im Alltag entscheidend ist. Mehr Leistung bedeutet schnelleres Aufheizen eines Backofens oder eines Herds, mehr Leistung bedeutet mehr Rechenleistung am PC und mehr Leistung bedeutet einen schnelleren Antrieb beim Elektroauto.

Die elektrische Leistung, die ein System oder ein Bauteil umsetzt oder erzeugt, errechnet sich, indem man die anliegende Spannung mit der Stromstärke multipliziert.

$$P = U \cdot I$$

Wenn eine Glühbirne an eine 230 V - Steckdose angeschlossen wird und eine Stromaufnahme von 0,43 A benötigt, verbraucht die Glühbirne eine Leistung von

$$P = U \cdot I = 230\,V \cdot 0{,}43\ \mathrm{A} = 100\ \mathrm{W}$$

Zum Bestromen dieser Glühbirne kann man entsprechend ein Solarpanel mit einer Leistung von mindestens 100 W* verwenden.

**Vereinfachtes Beispiel, die Spannung müsste ebenfalls angepasst werden, z. B. durch zusätzliche Elektronik.*

2.3 Energie und der Wirkungsgrad

Energie umgibt uns in verschiedenen Formen. Wärmeenergie, die wir auf unserer Haut spüren, Bewegungsenergie, wenn unser Auto uns zur Arbeit fährt, oder elektro-chemische Energie, die in Akkus und Batterien gespeichert wird.

Energie wird „verbraucht“, wenn eine **Leistung P** über einen **Zeitraum t** beansprucht wird.

Ist eine Leistung P über einen Zeitraum t wirksam, so wird eine Energie E mit $\mathbf{E} = \mathbf{P} \cdot \mathbf{t}$ umgesetzt.

Die physikalisch normierte Einheit für die Energie (SI-Einheit) ist das **Joule**, abgekürzt **J**. In der Elektrotechnik wird jedoch sehr häufig mit alternativen Einheiten, nämlich **Kilowattstunden kWh**, gerechnet.

Das Präfix *Kilo* steht dabei für 1000, genau wie ein Kilometer 1000 Meter sind, ist ein Kilowatt 1000 Watt und eine Kilowattstunde entsprechend 1000 Wattstunden.

In diesem Ratgeber werden ebenfalls ausschließlich die kWh als Einheit verwendet.

Das ist sinnvoll, um zu beschreiben, wie viel Leistung (Watt) über welchen Zeitraum (Stunden - h) anliegt.

Eine Kilowattstunde besagt, dass wir eine Leistung von einem Kilowatt eine Stunde lang verwendet haben.

Ein Föhn hat eine Leistungsaufnahme von 2000 W oder 2 kW. Lässt man den Föhn eine Stunde laufen, verbraucht der Föhn eine Energie von

$$2000\,W \cdot 1\,h = 2000\,Wh = 2\,kWh.$$

Die Leistung bleibt dabei die ganze Zeit über konstant bei 2 kW, die Energie ist von der vergangenen Zeit abhängig.

2.4 Energiebetrachtung in Wohngebäuden

Die Energiemenge, die zum Heizen von Wohngebäuden verwendet wird, wird ebenfalls in kWh angegeben. Dabei ist die Energiemenge gemeint, welche der Brennstoff enthält, der **Primärenergiebedarf**. Die Heizenergie, die in der Wohnung ankommt, ist abhängig von der Qualität des Brennkessels und der Isolierung des Gebäudes.

Nur ein Drittel der Energie in Wohngebäuden wird zur Warmwasserbereitung verwendet. Zwei Drittel hingegen werden für das Aufheizen des Gebäudes eingesetzt. Bei Neubauten liegt das Verhältnis im Durchschnitt bei 50:50. Der Grund dafür ist die bessere Dämmung des Gebäudes. Die Heizenergie für Warmwasser bleibt gleich, die Heizlast des Gebäudes nimmt durch die Dämmung jedoch ab.

Der **Heizenergiebedarf** bzw. **Wärmeenergiebedarf** ist von der Größe des Wohngebäudes abhängig. Ein Mehrfamilienhaus mit 300 m² Wohnfläche verbraucht mehr Energie als ein 80 m² Tiny-Haus. Deshalb ist es sinnvoll, die **Heizenergiebedarf pro Quadratmeter** anzugeben. Da es sich bei der Heizlast um eine Energie und nicht um eine Leistung handelt, muss zusätzlich noch erwähnt werden, in welcher Zeit die Energie verbraucht wird.

In Wohngebäuden ist die Bemessungsgrundlage **ein Jahr (a)**. **Der Energieverbrauch pro Jahr und pro Quadratmeter** ist im Energieausweis des Hauses zu finden. Ein Liter Öl enthält dabei ungefähr eine Energie von 10 kWh.

Ein Altbau, mit einem Energieausweis der Klasse G oder schlechter, hat einen Energiebedarf von $> 200 \frac{kWh}{m^2\ a}$. Ein Altbau mit 150 m² Wohnfläche benötigt pro Jahr demnach insgesamt

$200 \frac{kWh}{m^2\ a} \cdot 1\,Jahr\ \cdot 150\ m^2 = 30.000\ kWh$ Heizenergie (Circa 3.000 l Heizöl).

Ein moderner Neubau (KFW 40 Standard) benötigt nur noch ungefähr $30\ \frac{kWh}{m^2\ a}$. Die sogenannten **Passivhäuser** (Energieklasse A+) kommen sogar auf unter $10\ \frac{kWh}{m^2\ a}$.

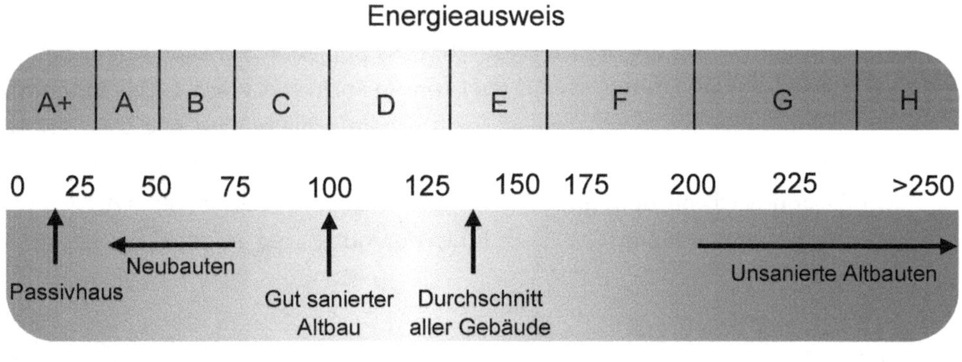

Abbildung 3 Energieausweis eines Wohngebäudes

Verbrauch der Primärenergie pro Quadratmeter und pro Jahr

Der Energieausweis **bzw. Bedarfsausweis** wird **theoretisch** berechnet. Er schließt das Heizverhalten der Bewohner aus. Bei Altbauten ist es jedoch oftmals der Fall, dass z. B. einzelne Räume unterschiedlich stark geheizt werden. Reale Verbrauchswerte weichen, vor allem bei Altbauten, von den Werten des Energieausweises ab. Deshalb werden in diesen Fällen häufig Verbrauchsausweise verwendet. In diesen wird der reale Verbrauch, der jedoch durch das Nutzungsverhalten variieren kann, eingetragen.

Wenn der Heizbedarf stark variiert, muss die Heizlösung entsprechend individuell ausgelegt werden. Ein Neubau, welcher nur 20 % der Energie eines Altbaus benötigt, kommt beispielsweise auch mit geringeren Heizleistungen aus.

2.5 Energieerhaltung und Wirkungsgrad

Die meisten physikalischen Gesetze sind als „naturgegeben" anzusehen. Man kann diesen Gesetzen immer tiefer auf den Grund gehen, bis man auf der Ebene der kleinsten Teilchen angekommen ist. Wie stets gilt innerhalb dieses Rahmens jedoch, dass auf eine ausführliche Herleitung verzichtet wird und stattdessen das Verständnis und die praktischen Beispiele im Vordergrund stehen. So auch bei der **Energieerhaltung**.

Energieerhaltung besagt, dass im Universum eine feste Menge Energie vorhanden ist und diese nicht vernichtet oder erzeugt werden kann. Energie kann lediglich in verschiedene Formen umgewandelt werden. Beispielsweise in Wärme- oder Bewegungsenergie.

Bei einem Windkraftwerk wird die **Bewegungsenergie** des Windes als **Rotationsenergie** aufgenommen und anschließend in **elektrische Energie** umgewandelt.

Eine Einschränkung ergibt sich dadurch, dass bei jeder Umwandlung ein Anteil an nicht nutzbarer Energie anfällt, meistens in Form von Wärme. Das Verhältnis, wie viel Energie bei einer Umwandlung erhalten bleibt und wie viel verloren geht, beschreibt der **Wirkungsgrad**. Der Wirkungsgrad ist eine dimensionslose Größe und wird mit dem griechischen Buchstaben **η (eta)** abgekürzt. Der Wirkungsgrad wird definiert als Verhältnis der nutzbaren Energie zur gesamten Energie.

$$\eta = \frac{\text{nutzbare Energie}}{\text{Gesamtenergie}}$$

Beim Umwandeln der Energie von einer Form in eine andere, beschreibt der Wirkungsgrad das Verhältnis der nutzbaren Energie nach der Umwandlung zur gesamten Energie vor der Umwandlung. $\eta = \frac{\text{Energie nach der Umwandlung}}{\text{Energie vor der Umwandlung}}$

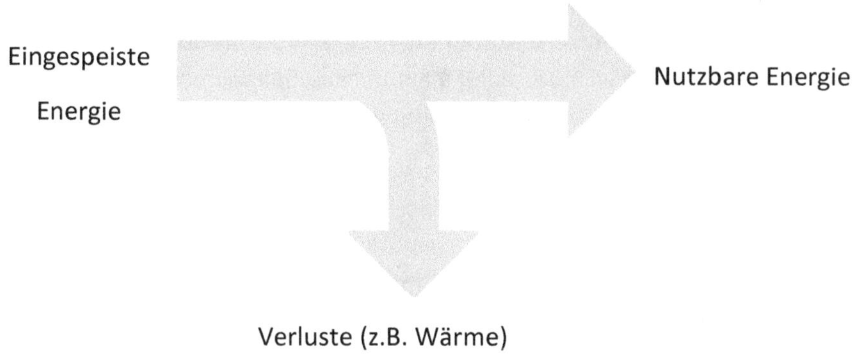

Abbildung 4 Wirkungsgrad

Der Wirkungsgrad liegt immer zwischen Null und Eins. Oft wird der Wirkungsgrad in Prozent angegeben. Bei einem Wirkungsgrad von genau 1 (= 100 %) wird die komplette Energie verlustfrei umgewandelt. Bei einem Wirkungsgrad von null ist die komplette Energie nach der Umwandlung nicht mehr nutzbar.

Im Zusammenhang mit dem Wirkungsgrad werden auch oft die Begrifflichkeiten **Exergie** und **Anergie** verwendet. Exergie beschreibt den Teil der Energie, der genutzt werden kann.

Beim Autofahren ist das der Anteil der Energie, der in Antrieb zur Fortbewegung umgewandelt wird. Die Abwärme, also die Erhitzung des Motors, die ungenutzte Energie, bezeichnet man dabei als Anergie. Dazu schauen wir uns ein paar Beispiele aus dem Alltag an.

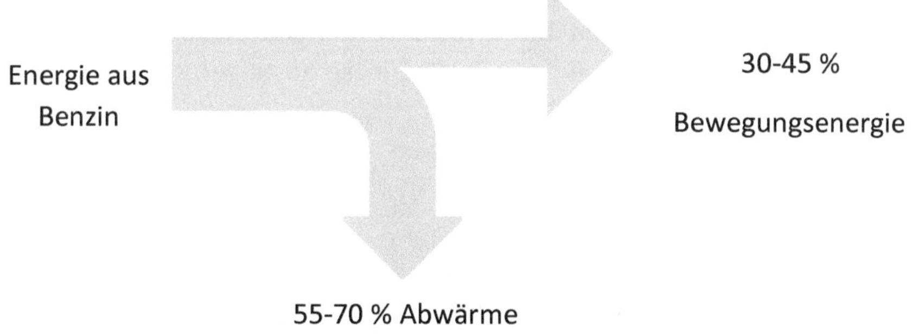

Abbildung 5 Beispiel des Wirkungsgrads

Ein klassischer **Verbrennungsmotor** hat einen Wirkungsgrad von circa **30 - 45 %**, ein **Elektromotor**, wie ihn beispielsweise VW, Tesla oder Audi in ihren elektronischen Modellen verbauen, hat hingegen einen Wirkungsgrad von **mehr als 90 %!**

Photovoltaikmodule haben heutzutage einen Wirkungsgrad von circa **20 %**. Das bedeutet, dass nur ein Fünftel der Sonnenenergie in Strom umgewandelt wird. Dieser Strom muss dann wiederum auf die passende Spannung für die Steckdose gewandelt oder gespeichert werden, wobei wiederum Verluste im Bereich von 2 - 10 % auftreten können.

LEDs wandeln etwa **40 - 50 %** der elektrischen Leistung in Licht um. Den Rest benötigt die Steuerelektronik für die Stabilisierung des Stromflusses und wird dabei in Wärme umgewandelt. Bei herkömmlichen Glühlampen, den umgangssprachlichen *Glühbirnen*, liegt der Wirkungsgrad deutlich niedriger. Hier werden lediglich **10 - 20 %** der Energie in Licht umgewandelt, der Rest wird als Wärme freigesetzt. Ein **Steinkohlekraftwerk**, das die Energie aus der Kohle eigentlich einzig in elektrische Energie umwandeln sollte, erzeugt jedoch über **60 %** Wärmeenergie, also hat es nur einen Wirkungsgrad von knapp **40 %**.

Der Wirkungsgrad ist ein wichtiger Aspekt, wenn es um die Entwicklung und Förderung von Technologien geht, denn er steht oft im engen Zusammenhang zur wirtschaftlichen Rentabilität.

Dabei muss jedoch stets auf den Kontext geachtet werden. Sonnen- und Windenergie stehen **unbegrenzt** und **kostenlos** zur Verfügung. Deshalb ist der „geringe" Wirkungsgrad von 20 % bzw. 40 % **kein** K.-o.-Kriterium für diese Technologie. Gas oder Benzin hingegen sind Rohstoffe, haben daher einen Marktpreis, weshalb man dort möglichst viel Exergie aus den Rohstoffen ziehen muss, um rentabel operieren zu können.

Verbrennen wir Öl im Wert von 100 €, muss dabei mindestens Strom im Wert von 100 € erzeugt werden. Jedes Prozent Wirkungsgradsteigerung geht direkt in die wirtschaftliche Bilanz ein.

2.6 Über- und Unterdruck

Unsere letzte physikalische Größe ist der Druck. Dieser ist wichtig, um verstehen zu können, wie die Wärmepumpe der Umgebung Wärme entziehen kann.

Die genauen Formeln sind für das Verständnis und die Auslegung einer Wärmepumpe nicht essenziell wichtig, da wir keine Druckberechnungen durchführen werden. Dennoch wird die Definition der Vollständigkeit halber angeführt.

Der Druck beschreibt die **Kraft F**, die auf eine **Fläche A** drückt. Abgekürzt wird der Druck mit dem Formelzeichen **p**, nicht zu verwechseln mit dem Formelzeichen P, welches für die Leistung steht.

$$\mathbf{p} = \frac{\mathbf{F}}{\mathbf{A}}$$

Die Einheit des Drucks ist das **Pascal** (Pa). Im Alltag sind eher andere Einheiten gebräuchlich, beispielsweise wird der Luftdruck innerhalb eines Auto- oder Fahrradreifens in bar angegeben. Ein bar entspricht 100.000 Pa. Ein Autoreifen benötigt einen Druck von circa **2,5 bar** oder 250.000 Pa.

Eine andere Einheit, welche beispielsweise beim Wetter verwendet wird, ist der **Druck der Atmosphäre**. Die Atmosphäre der Erde ist circa 8 Kilometer dick. Das bedeutet, dass wir auf der Erdoberfläche den Druck der 8 km langen Luftsäule über uns aushalten müssen. Auf die komplette Oberfläche eines durchschnittlich großen Menschen drückt zu jedem Zeitpunkt eine Luftsäule mit einem Gewicht von über **17.000 kg**.

Durch die Evolution haben wir uns an diesen Druck gewöhnt. Jede unserer Zellen hat einen Innendruck entwickelt, der den äußeren Druck kompensiert. Deshalb werden wir von den Luftmassen nicht erdrückt.

Das ist auch der Grund, warum wir im Weltall nicht ohne Raumanzug leben können. Im beinahe Vakuum des Weltalls fehlt der äußere Druck auf den Körper. Der innere Druck ist jedoch noch vorhanden. Als Resultat würden wir uns wie ein Luftballon aufblähen und „platzen".

Der Druck der Atmosphäre wird mit **atm** abgekürzt. Ein **Atmosphärendruck** entspricht circa **1,0133 bar**. Das heißt in einem Autoreifen, ist der Luftdruck im Reifen circa 2,5-mal so hoch, wie außerhalb.

Ein Druck, der geringer ist als der Atmosphärendruck, wird dabei als **Unterdruck** bezeichnet. Ein Druck, der größer ist als **Überdruck**.

Vereinfacht ausgedrückt beschreibt der Druck, wie viele Gasteilchen sich in einem Bereich „aufhalten". Sind viele Teile vorhanden, ist der Druck hoch, sind wenig Teilchen vorhanden, ist der Druck gering.

Abbildung 6 Wenn der Druck steigt, sind bei konstantem Volumen mehr Gasteilchen vorhanden

Der Druck hat Auswirkungen auf die Eigenschaften von Materialien.

Wenn der Druck abnimmt, haben Flüssigkeiten und Gase mehr Platz, um sich auszudehnen. Deshalb sinkt der Siedepunkt von Flüssigkeiten, wenn der Druck abnimmt und steigt, wenn der Druck zunimmt.

Der Mount Everest ist bis zu 8,8 km hoch. Dort ist die Atmosphäre sehr dünn und der Druck der Luftsäule entsprechend gering. Der Druck auf dem Mount Everest beträgt ungefähr **0,326 bar. Das** entspricht demnach nur knapp einem Drittel des „normalen" Atmosphärendrucks. Deshalb fängt Wasser bereits bei **60° - 70°** an zu kochen, anstatt, wie auf der Erdoberfläche, erst bei 100 °C. Dieser Effekt, dass Flüssigkeiten bei einem Unterdruck schneller sieden, wird auch bei Wärmepumpen eingesetzt, wie wir in den folgenden Kapiteln noch sehen werden.

Wir haben alle Grundlagen der Physik kennengelernt und stellen die wichtigsten Größen noch einmal tabellarisch dar.

Beschreibung	Bezeichnung	Physikalische Größe	Einheit
Ansammlung von geladenen Teilchen	Elektrostatisches Potenzial	φ	Volt (V)
Differenz zweier elektr. Potenziale	Spannung	U	Volt (V)
Fluss von Ladungsträgern	Stromstärke	I	Ampere (A)
Zusammenspiel von Spannung und Stromstärke	Leistung	P $P = U \cdot I$	Watt (W) Kilowatt (kW)
Leistung, die über einen Zeitraum verwendet wird	Energie (E-Technik) Arbeit (Physik)	E (E-Technik) $E = P \cdot t$ W (Physik) $W = P \cdot t$	Wattstunden (Wh) Kilowattstunden (kWh)
Verhältnis der Energien bei einer Umwandlung	Wirkungsgrad	η $\eta = \frac{\text{nutzbare Energie}}{\text{Gesamtenergie}}$	Keine Einheit bzw. Prozent (%)
(Gewichts-) Kraft, die auf eine Fläche wirkt	Druck	$p = \frac{F}{A}$	Pascal (Pa) Bar (bar) Atmosphärendruck (atm)

Nachdem wir die Grundlagen der Physik verinnerlicht haben, schauen wir uns an, in welchen Bereichen Wärmepumpen eingesetzt werden, und wie Wärmepumpen funktionieren. Das ist wichtig, um beispielsweise verstehen zu können, was der Unterschied zwischen einer Wärmepumpe und einem Durchlauferhitzer ist.

3 Technischer Aufbau einer Wärmepumpe

Wärmepumpen erfahren seit einigen Jahren bzw. Jahrzehnten einen Aufschwung. Sie sind jedoch keine neue Erfindung. Der Grundstein für den Effekt, welcher bei Wärmepumpen eingesetzt wird, wurde bereits 1777 von William Cullen entdeckt. Jedoch hatte es 60 Jahre gedauert, bis die erste Maschine, damals ein Kühlgerät, entwickelt wurde. Bis in die 1920er-Jahre wurden Klimaanlagen entwickelt, die nach dem Wärmepumpenprinzip funktionierten und damit eine zusätzliche Heizfunktion besaßen. Seit der Ölkrise in den 1970ern wurde die Wärmepumpe zur ernstzunehmenden Alternative gegenüber konventionellen Heizsystemen. Doch warum sollte man sich für eine Wärmepumpe entscheiden? Wo liegen die Vorteile, worin die Nachteile?

3.1 Vorteile und Einsatzbereiche einer Wärmepumpe

Physikalisch ausgedrückt wandelt eine Wärmepumpe (*WP)* elektrische Energie in Wärmeenergie um. Am „Eingang" der Wärmepumpe wird Strom angelegt, am Ausgang erhalten wir Wärme in Form von erhitzter Luft oder von warmem Wasser.

Wie bei jeder Umwandlung von Energie fallen auch hier Verluste an. Die Verlustwärme kann nicht genutzt werden.

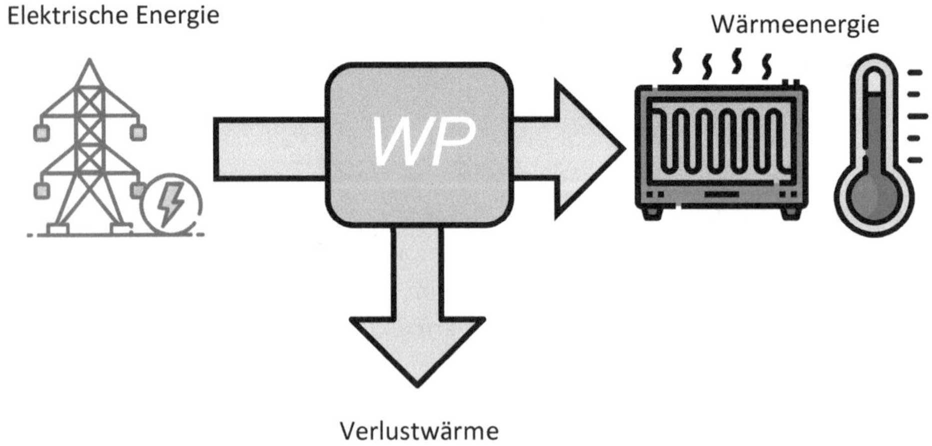

Abbildung 7 Eine Wärmepumpe wandelt elektrische Energie in Wärmeenergie um

Eigentlich müssten wir **weniger** Wärmeenergie erhalten, als wir an elektrischer Energie hinzuführen. Würden wir beispielsweise 1 kWh elektrische Energie verwenden, sollten wir maximal 1 kWh Wärmeenergie erhalten.

Die Wärmepumpe bedient sich jedoch eines Tricks, indem sie zusätzlich zur elektrischen Energie, die bereits vorhandene Wärmeenergie aus der Umgebung verwendet.

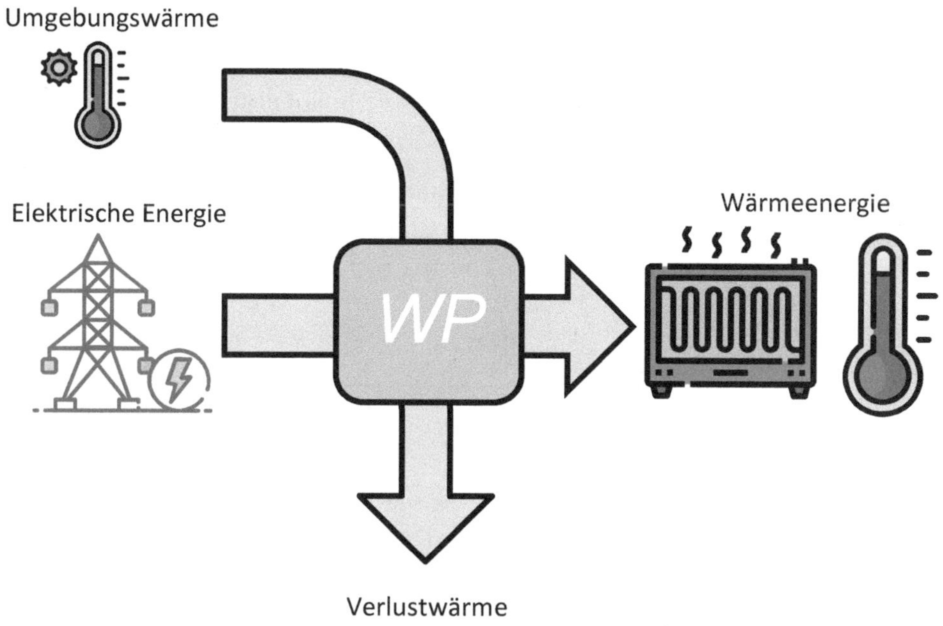

Abbildung 8 Eine Wärmepumpe nutzt zusätzliche Umgebungswärme

Wie genau die Wärmepumpe die Umgebungswärme nutzt, sehen wir uns noch im nächsten Kapitel näher an. Für jetzt reicht es aus zu verstehen, dass Wärmepumpen aus Umgebungswärme und Strom deutlich mehr Wärmeenergie erzeugen können, als wir zuführen.

Das führt uns direkt zu einem der größten Vorteile der Wärmepumpe, denn Umgebungswärme ist überall vorhanden. Selbst bei Minusgraden besitzt die Luft noch ausreichend Energie, die wir ihr entziehen können. Das bedeutet, dass eine Wärmepumpe lediglich Strom benötigt, um arbeiten zu können und damit die Wohnung ausschließlich mit Strom beheizt werden kann.

Wird dieser Strom ökologisch hergestellt, sind **keine Rohstoffe**, wie Gas oder Öl notwendig.

Deshalb werden Wärmepumpen beispielsweise auch in vielen Elektroautos eingesetzt. Normale Verbrennerautos können die Abwärme des Motors zum Heizen des Innenraums verwenden. Elektroautos besitzen jedoch keinen Verbrennungsmotor, sodass die elektrische Energie in Wärmeenergie für den Innenraum umgewandelt werden muss. Von allen Methoden hat sich die Wärmepumpe als die effizienteste herausgestellt.

Dieser Ratgeber konzentriert sich jedoch auf das Beheizen von Wohngebäuden, weshalb wir nicht weiter auf alternative Anwendungsmöglichkeiten eingehen.

Der Vorteil, dass wir beim Heizen mit Strom nicht auf die Lieferung oder Verfügbarkeit von fossilen Rohstoffen angewiesen sind, ist hierbei ebenfalls ein Vorteil.

Die Abhängigkeit der Europäischen Union von Drittstaaten steigt stetig und der Import von Rohstoffen nimmt seit Jahrzehnten zu.

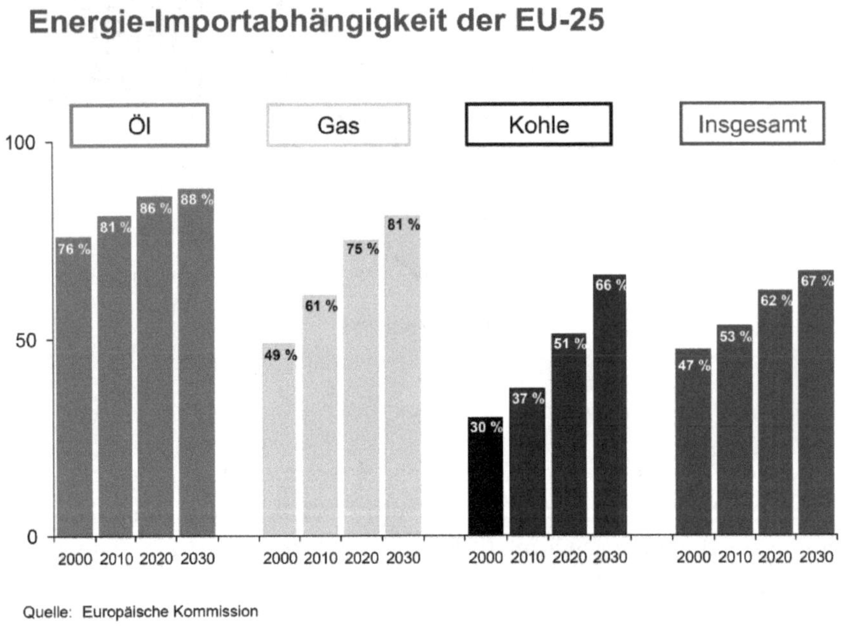

Abbildung 9 Energieimporte (Schätzungen für 2030)

Viele dieser Rohstoffe werden aus Ländern importiert, in denen die Menschenrechtslage nicht denen unserer westlichen Wertevorstellungen entspricht.

Die Auswirkungen bei einem Konflikt mit diesen Staaten sind beispielsweise im Februar 2022 sichtbar geworden.

Als Reaktion auf den russischen Angriffskrieg auf das Nachbarland Ukraine wurden die Öl- und Gasimporte aus Russland heruntergefahren. Sowohl Deutschland als auch viele andere europäische Staaten haben ihre Gas- und Ölimporte gedrosselt. Als Folge stiegen die Heizkosten exorbitant an.

Dennoch waren Deutschland und die anderen Staaten zu diesem Zeitpunkt **abhängig** von der Lieferbarkeit der Rohstoffe und konnten die Importe folglich nicht vollkommen stoppen. Wäre dies geschehen, hätten die gesamte europäische Industrie sowie die privaten Haushalte ein enormes Energieproblem. Deshalb konnten die Importe, trotz völkerrechtlicher Vergehen Russlands, nicht vollkommen eingestellt werden.

Strenggenommen wurde damit der russische Staat und damit indirekt einen Teil des Krieges mitfinanziert. Denn der russische Staat ist der größte Anteilseigner an russischen Gas- und Ölkonzernen.

Auch die alternativen Rohstofflieferanten, wie **Saudi-Arabien**, weisen große demokratische Defizite auf. Beispielsweise gilt in weiten Teilen des Landes ein brutales Justizsystem, welches Peitschenhiebe und die Todesstrafe durch Enthauptung als legitimes Mittel der Judikative ansieht.

*„Die saudische Regierung hat 37 Personen wegen Terrorismusvorwürfen hinrichten lassen. […] Laut der Mitteilung wurde einer der Verurteilten **gekreuzigt**. Die Leiche sei mehrere Stunden lang öffentlich auf einem Pfahl zur Schau gestellt worden. Alle anderen 36 Personen wurden **enthauptet**."*

Bericht von Die ZEIT ONLINE vom 23.03.2019

Ohne, dass dieser Ratgeber das Thema Wärmepumpen zu sehr politisieren soll, müssen wir uns bewusstwerden, dass wir durch unseren täglichen Öl- und Gasverbrauch totalitäre Staaten unterstützen.

Uns muss weiterhin bewusst sein, dass sich das Problem durch den Einsatz einer Wärmepumpe nicht löst, sondern lediglich verlagert. Denn auch bei der Stromerzeugung werden noch große Mengen an fossilen Rohstoffen, wie beispielsweise Gas, eingesetzt.

Die Stromversorgung ist dennoch deutlich leichter autark zu realisieren als die Versorgung Millionen deutscher Haushalte mit Öl und Gas.

Es gibt bereits heute Möglichkeiten, sich beinahe komplett autark zu versorgen. Die Stromerzeugung mithilfe einer eigenen Photovoltaikanlage steht hierbei im Fokus. Im Verlauf dieses Ratgebers werden wir noch detaillierte Autarkie- und Kostenberechnungen durchführen, um zu zeigen, um welchen Anteil wir unsere Unabhängigkeit mit der Installation einer Wärmepumpe erhöhen können.

Der nächste Aspekt, der für die Anschaffung einer Wärmepumpe spricht, leitet sich aus der vorherigen Argumentation ab. Fossile Brennstoffe, wie Öl und Gas, produzieren große Mengen an Treibhausgasen.

Es ist wissenschaftlicher Konsens, dass der Ausstoß von Treibhausgasen zur Erhöhung des CO_2-Gehaltesder Atmosphäre führt und damit zur Erwärmung des Planeten beiträgt.

Es ist jedoch beinahe unmöglich, die Energieversorgung eines Landes ohne fossile Rohstoffe zu gewährleisten, wenn die Wärmeversorgung auf genau diesen Rohstoffen beruht.

Deshalb ist es eine sinnvolle Alternative, die gesamte Energieversorgung mittels elektrischer Energie, zu realisieren. Beispielsweise durch erneuerbare Energien wie Windkraft und Photovoltaik.

Diesen Sachverhalt hat auch die Politik erkannt und treibt seit einigen Jahren die **Elektrifizierung** der Energieversorgung voran. Beispielsweise durch steigende CO_2-Steuern. Das Zusammenlegen von Wärme, Strom und Bewegung wird dabei als **Sektorenkopplung** bezeichnet. Es reicht nicht aus, diese Gebiete separat zu betrachten.

Abbildung 10 Angestrebte Sektorenkopplung von Elektrizität, Wärme und Mobilität

Als Anreiz, um die Elektrifizierung zu beschleunigen, wurden von der Bundesregierung in den vergangenen Jahren diverse Zuschüsse für die Anschaffung von Wärmepumpen, aber auch Photovoltaik und Elektroautos eingeführt. So können wir beim Einbau einer Wärmepumpe bis zu 45 % (Stand März 2022) der Anschaffungskosten und der Montagekosten erstattet bekommen. Welche Zuschüsse für uns interessant sind, werden wir ebenfalls noch kennenlernen.

Zudem werden immer mehr Stimmen in der Politik laut, dass klimaneutralitätsfördernde Geräte, wie Photovoltaikanlagen oder Wärmepumpen **verpflichtend** werden sollen. Sowohl bei Neubauten als auch beim Austausch des bestehenden Heizungssystems. Dass es sich dabei um konkrete Pläne handelt, untermauert das Bundes-Klimaschutzgesetz, welches im Herbst 2021 verabschiedet wurde. Dieses schreibt eine Photovoltaikanlagenpflicht für Neubauten vor und trat im Januar 2022 in Kraft. Auch gibt es bereits eine **Austauschpflicht** für bestimmte Ölheizungen im Falle einer Auswechslung der Altanlage. Standardölheizungskessel und Konstanttemperaturkessel müssen nach einer Lebenszeit von 30 Jahren ersetzt werden. Neuere Ölkessel dürfen nach 2025 ebenfalls nicht mehr verbaut werden.

Aufgrund der Elektrifizierung der Energieversorgung, ist es demnach nur noch eine Frage der Zeit, bis nur noch ausschließlich regenerative Heizsysteme, wie Wärmepumpen, zur Gebäudebeheizung eingesetzt werden. Bereits im Frühjahr 2022 wurde der „Frühzeitige Ausstieg aus der Gasheizung" beschlossen.

Es ist deshalb bereits heute ratsam, sich mit dem Thema auseinanderzusetzen.

Bevor wir zur Funktion und dem Aufbau einer Wärmepumpe kommen, sprechen wir noch ein paar alternative Heizsysteme an, die ebenfalls unter die Kategorie *erneuerbare Energieerzeugung* fallen und für den ein oder anderen interessant sein könnten.

Zunächst ist eine Möglichkeit das Heizen mit nachwachsenden Rohstoffen, wie **Holz.**

Dabei werden Holzspäne für gewöhnlich in Pellets gepresst und können anschließend in Pelletheizungen oder Pelletofen zur Wärmeerzeugung verbrannt werden. Hackschnitzel oder ein Kaminofen sind alternative Heizmöglichkeiten mit Holz.

Abbildung 11 Holzpellets sind eine weitverbreitete Art, um Holz zur Gebäudeheizung zu benutzen

Beim Verbrennen von Holz wird zwar ebenfalls CO_2 ausgestoßen, jedoch nur die Menge anCO_{22}, welche während des Wachstums des Baums aus der Luft entzogen wurde. Daher ist die Umweltbilanz insgesamt ausgeglichen und Heizsysteme, wie **Pelletheizungen** und klassische **Holzöfen,** zählen als klimaneutral.

Pelletheizungen eignen sich vor allem beim Austausch der Heizung in einem Altbau, denn Pelletheizungen ermöglichen hohe Vorlauftemperaturen von **60 - 70 °C**. Bei Wärmepumpen sinkt bei hohen Vorlauftemperaturen des Heizwassers der Wirkungsgrad. Warum das so ist und was man dagegen tun kann, werden wir uns ebenfalls noch näher anschauen.

Der Nachteil einer Pelletheizung liegt im höheren Platzbedarf. Das Holz muss gelagert und beschafft werden, was mit zusätzlichem Aufwand verbunden ist. Auch der Brennkessel an sich benötigt einen Stellraum.

Zusätzlich müssen ein- bis zweimal jährlich Kosten für den Schornsteinfeger eingerechnet werden. Dieser übernimmt auch das Kontrollieren der Abgas- und Emissionswerte. Die Kosten hierfür liegen bei circa 100 - 200 € jährlich und sind damit nicht zu vernachlässigen.

Bei älteren Pelletheizungen gab es zudem Probleme mit dem Ausstoß von **Feinstaub**. Heutzutage eliminieren moderne Filtersysteme den Ausstoß von Feinstaub.

Schlussendlich ist es auch im Altbau oftmals sinnvoller, zunächst energetisch zu sanieren und anschließend eine Wärmepumpe zu verwenden, anstatt auf eine Pelletheizung zurückzugreifen. Dennoch kann sie unter bestimmten Sonderfällen eine sinnvolle Alternative darstellen.

Eine weitere Alternative, welche vorwiegend bei Mehrfamilienhäusern Verwendung findet, ist das **Blockheizkraftwerk**, abgekürzt mit **BHKW**.

Ein Blockheizkraftwerk können wir uns vereinfacht so vorstellen, wie ein Dieselgenerator, welcher Strom erzeugt. Zur Erzeugung können fossile Rohstoffe wie Gas, aber auch erneuerbare Rohstoffe wie Bio-Diesel, Rapsöl und weitere Rohstoffe verwendet werden.

Auch Autohersteller, wie Volkswagen, haben bereits eigene Modelle auf den Markt gebracht.

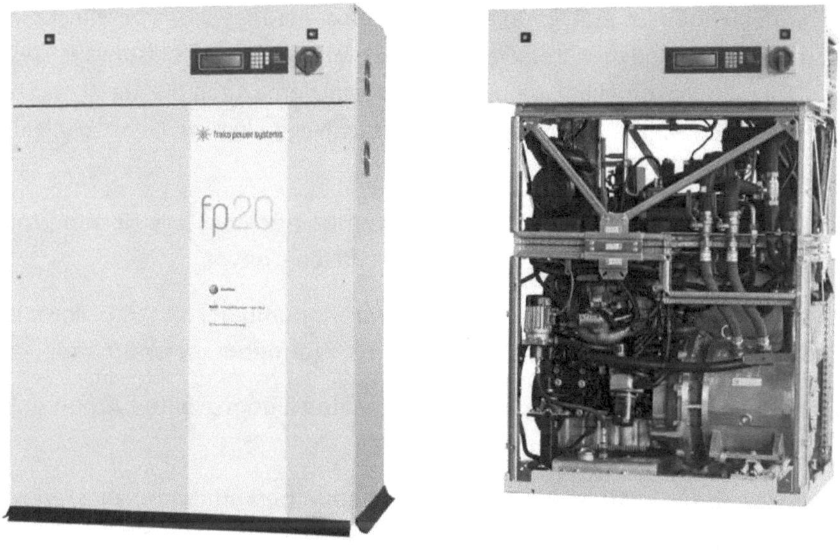

Abbildung 12 BHKW fp20

Bei der Stromerzeugung durch den Generator fällt jede Menge Verlustwärme an. Die Wärme entweicht hierbei aber nicht ungenutzt, sondern wird zur Warmwasseraufbereitung genutzt. Dadurch erzeugt ein Blockheizkraftwerk Strom und Wärme.

Das Verhältnis liegt im Bereich von **60 % Wärme** und **40 % Strom**. Effiziente BHKW schaffen bis zu 45 % Strom und entsprechend 55 % Wärme zu erzeugen.

Eine weitere klimaneutrale Alternative ist die **Brennstoffzellenheizung**. In einer Brennstoffzelle reagieren Wasserstoff und Sauerstoff zu Wasser. Dabei wird ebenfalls sowohl Strom als auch Wärmeenergie erzeugt.

BHKW mit Otto-Motor werden oftmals noch mit Öl oder Gas betrieben. Auch Brennstoffzellen arbeiten mit Gas, da es in Deutschland keine Wasserstoff-Infrastruktur gibt. Beide Alternativen sind daher **nicht klimaneutral** und bringen **keine Unabhängigkeit** vom Gasversorger.

BHKW rechnen sich wirtschaftlich zudem nur bei hoher Auslastung, wenn das Gerät entsprechend möglichst durchgehend ausgelastet ist. Das ist der Fall, wenn das Haus ganzjährig einen hohen Energiebedarf aufweist.

Daher eignen sich BHKW oftmals nur in Mehrfamilienhäusern oder in der Industrie, um die Grundlast zu gewährleisten. Dort ist ebenfalls die Lärmbelastung durch die Otto-Motoren vernachlässigbar.

Für Einfamilienhäuser gibt es bereits erste Brennstoffzellen-Modelle. Oftmals kann mit diesen Modellen zusätzlich überschüssiger Strom, beispielsweise von der eigenen Photovoltaikanlage, gespeichert werden. Durch die geringen Stückzahlen und die faktisch nicht vorhandene Nachfrage sind die Gerätschaften jedoch noch kaum erschwinglich.

Zusammenfassend sind neben der Wärmepumpe noch weitere Heizungslösungen verfügbar. Diese sind jedoch nur in Einzelfällen sinnvoll.

Durch die Skalierung und die Nachfrage an Wärmepumpen können Pelletheizungen oder BHKW in der Regel preislich nicht mit Wärmepumpen mithalten.

Das führt uns direkt zu einem weiteren, für viele zu dem größten Argument für die Anschaffung einer Wärmepumpe.

Durch die Verwendung einer Wärmepumpe können Heizkosten reduziert werden. Zwar ist elektrische Energie, sprich „Strom" teurer als die gleiche Menge an Energie aus Gas oder Öl, jedoch ist die Wärmepumpe um ein Mehrfaches effizienter, sodass die Wärmepumpe im Unterhalt in der Regel günstiger ist. Dabei müssen jedoch die verschiedenen Energiekosten verglichen werden.

In der Vergangenheit war die Wärmepumpe nicht immer wirtschaftlicher als eine Öl-, Gas- oder Holzheizung, doch seit 2022 sind Gas-, Holz- und Ölpreise deutlich stärker gestiegen als der Strompreis. Das liegt daran, dass der Strom bereits zur Hälfte aus erneuerbaren Energien gewonnen wird und daher unabhängiger vom Gas- und Ölpreis ist.

Wenn die Wärmepumpe zusätzlich mit einer Photovoltaikanlage kombiniert wird, ist das Heizen mit einer Wärmepumpe die günstigste Form der Wärmeerzeugung überhaupt.

Zudem werden Wärmepumpen seit Jahren bezuschusst, sodass sich die Anschaffungskosten in der Regel schnell amortisieren.

Auch hierzu werden wir im letzten Kapitel dieses Ratgebers konkrete Fallbeispielrechnungen kalkulieren. Doch jetzt schauen wir uns zunächst einmal an, wie eine Wärmepumpe aufgebaut ist, wie sie funktioniert und welche Kennzahlen es bei der Auswahl der richtigen Wärmepumpe zu beachten gibt.

3.2 Technische Notwendigkeit einer Wärmepumpe

Um den Nutzen einer Wärmepumpe verstehen zu können, schauen wir uns zuvor an, wie man auf andere Weise aus Strom Energie gewinnen kann.

Die einfachste Methode ist, den Strom durch einen **elektrischen Widerstand** zu leiten, der sich dadurch erhitzt. Der Widerstand besteht dabei aus einem Draht, welcher häufig zu einer **Heizspirale** gebogen wurde, um eine gleichmäßigere Wärmeabgabe sicherzustellen.

Dieses Prinzip ist günstig und bewährt. Es wird auch in **Durchlauferhitzern**, Heizstäben, aber auch in Wasserkochern, Toastern oder Backöfen verwendet.

Der Nachteil bei diesem System ist, dass nicht mehr Wärmeenergie erzeugt werden kann, als auch elektrische Energie aufgewendet wurde.

Ein Heizstab kann aus 1 kWh **niemals** mehr als 1 kWh Wärme erzeugen. Es ist physikalisch nicht möglich!

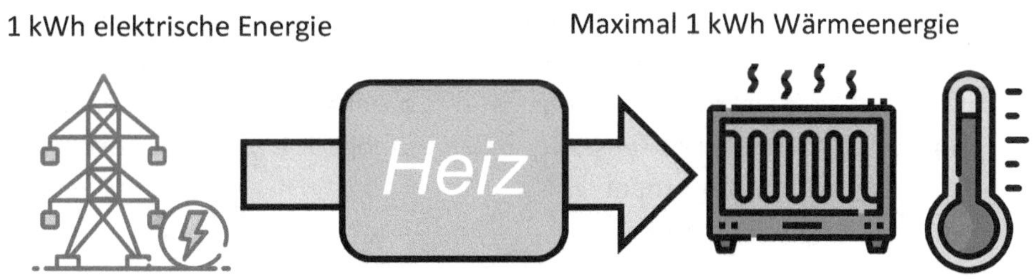

Abbildung 13 Wirkungsgrad eines Heizstabes

Jedoch ist Wärme deutlich leichter und vielfältiger zu erzeugen als Strom. Mit einem einfachen Draht können wir aus Strom Wärme erzeugen. Aus Wärme

Strom zu erzeugen, benötigt jedoch komplexe Gerätschaften. Elektrische Energie ist daher **höherwertiger** als Wärmeenergie.

Dementsprechend ist Strom auch deutlich teurer. 1 kWh Strom hat im Jahr 2021 durchschnittlich **32 Cent** gekostet.

1 l Heizöl hat im gleichen Bemessungszeitraum hingegen nur **90 Cent** gekostet. In 1 l Heizöl steckt jedoch eine Energie von **9,8 kWh**. Dieser Wert wird auch als **Heizwert** bezeichnet. Umgerechnet auf 1 kWh bedeutet das, dass 1 kWh Wärmeenergie aus Heizöl im Jahr 2021 circa **9 Cent** gekostet hat.

Wir sehen also, dass Wärmeenergie deutlich günstiger als elektrische Energie ist und die Umwandlung daher nur in Ausnahmefällen Sinn ergibt.

Bei günstigen Geräten, wie einem Toaster ist es selbstverständlich sinnvoll, einfache Heizdrähte zu verwenden. Ansonsten würde ein Toaster mehrere hundert Euro kosten. Dort nimmt man die Mehrkosten an Strom in Kauf.

Für die Wärmeversorgung eines Einfamilienhauses, bei dem die Wärmeerzeugungseinheit einen vierstelligen Betrag überschreitet, ist es jedoch sinnvoll, sich Gedanken zu machen, ob die elektrische Energie gespart werden kann. Bei Elektroautos sieht es ähnlich aus. Bei einem E-Auto geht jede Kilowattstunde elektrische Energie in die Reichweite des Elektroautos ein. Die „Verschwendung“ der Beheizung des Innenraums kostet das Auto im Winter je nach Temperatur bis zu 20 % Reichweite. Immerhin besitzen die meisten E-Autos **Vorheizfunktionen**, sodass der Innenraum vor dem Losfahren aufgeheizt werden kann. Wenn dabei das Ladekabel eingesteckt ist, wird hierfür auch keine Energie aus dem Akku, sondern aus der Ladesäule, beziehungsweise aus dem heimischen Stromnetz verwendet.

In jedem Fall ist eine effizientere Wärmeerzeugung sinnvoll. Und hier kommen die Wärmepumpen ins Spiel, denn wie bereits mehrfach angedeutet, können diese aus 1 kWh elektrischer Energie **deutlich mehr** als 1 kWh Wärmeenergie erzeugen. Wir haben bereits gesehen, dass das möglich ist, da dafür ein Teil der Umgebungswärme verwendet wird.

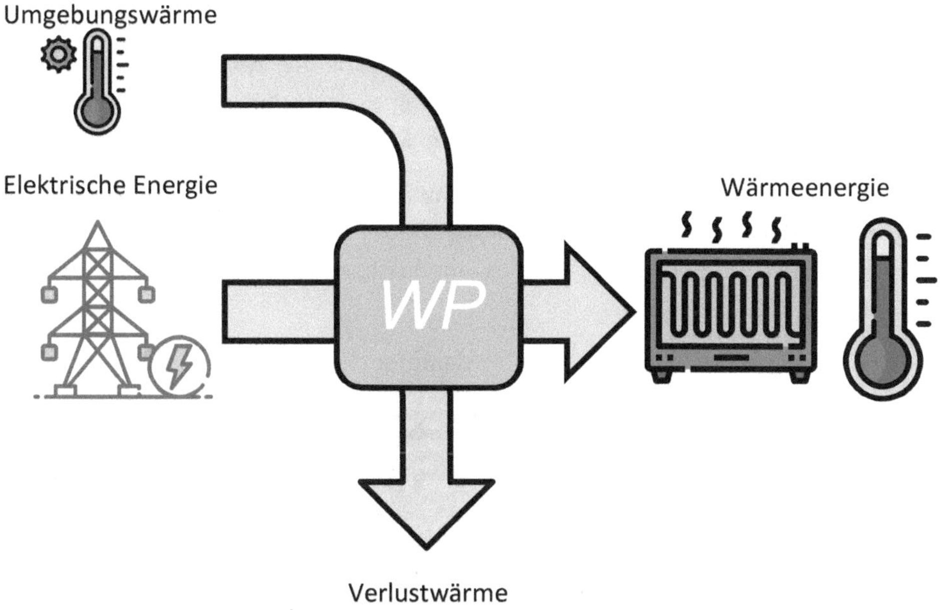

Abbildung 14 Wärmepumpen entziehen der Umgebung Wärme

Eine Wärmepumpe ist dabei aus vielen verschiedenen Komponenten aufgebaut, wie dem **Verdampfer**, dem **Verdichter**, dem **Kondensator**, einem **Expansionsventil** und einem **Kältemittel**, das in einem Kreislauf Wärme aus der Umgebung aufnimmt und im Innenraum wieder abgibt.

Beginnen wir mit dem generellen Aufbau. Zunächst benötigen wir eine klare Trennung zwischen dem Bereich, in dem die Wärme entzogen werden soll und dem Bereich, in den die Wärme abgegeben werden soll.

Dabei muss der Bereich, dem Wärme entzogen wird, nicht wirklich, „warm" sein. Die meisten Wärmepumpen können der Umgebung auch bei Temperaturen von - 20 °C noch Energie entziehen.

Der Teil des Geräts, welcher der Umgebung Wärme entzieht, wird **Verdampfer** genannt.

3.3 Verdampfer

Im Verdampfer wird die Umgebungswärme angesaugt. Ein Kältemittel wird in den Verdampfer geleitet. Dort verdampft das flüssige Kältemittel zu Gas, daher stammt auch der Name des Bauteils.

Wenn eine Flüssigkeit verdampft, nimmt sie dabei Energie auf. Diese Eigenschaft können wir im Alltag sehen. Wenn wir Wasser zum Kochen bringen, müssen wir dem Wasser Energie zuführen, damit es verdampft. Beim Übergang von flüssig zu gasförmig nimmt das Wasser die Energie auf und speichert sie im Wasserdampf.

Das ist auch der Grund, warum wir **schwitzen**. Wenn der flüssige Schweiß auf unserer Haut verdampft, entzieht er der Haut Energie und kühlt diese. Auch hier wird beim Übergang des Schweißes von flüssig zu gasförmig Energie aufgenommen.

Nach diesem Prinzip arbeitet der Verdampfer der Wärmepumpe.

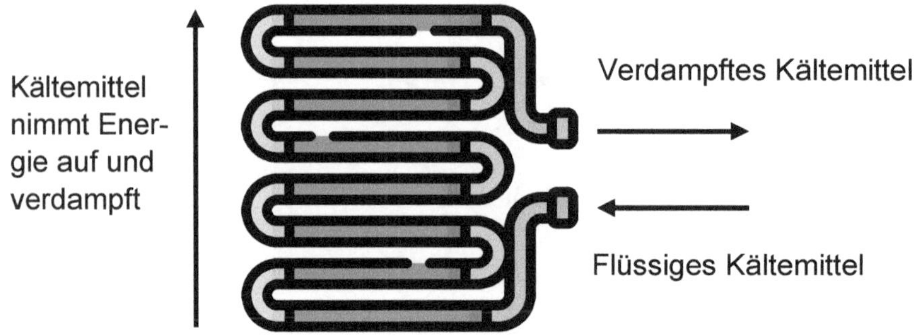

Abbildung 15 Beim Verdampfen des Kältemittels wird Energie aufgenommen.

Das Kühlmittel wird dabei so gewählt, dass es bei bereits sehr niedrigen Temperaturen verdampft und Wärme aufnehmen kann. Die verwendeten Kühlmittel schauen wir uns später genauer an.

Nachdem das Kühlmittel verdampft ist und Energie aus der Umgebung aufgenommen hat, wird es zum nächsten Bauteil weitergeleitet. Die Temperatur des gasförmigen Kältemittels ist jedoch noch nicht ausreichend, um unsere Wohnung zu wärmen. Um das Mittel weiter erwärmen zu können, wird der Druck erhöht.

Jeder, der bereits einen Fahrradreifen aufgepumpt hat, wird nach einiger Zeit festgestellt haben, dass sich die Luftpumpe mit der Zeit erhitzt. Das liegt daran, dass die Luft komprimiert wird und sich dabei erhitzt. Wir können uns das so vorstellen, als würde die Wärmeenergie von sehr vielen Gasteilchen auf einen kleinen Raum komprimiert werden. Da die Wärmeenergie nicht verloren geht, steigt folglich die Temperatur.

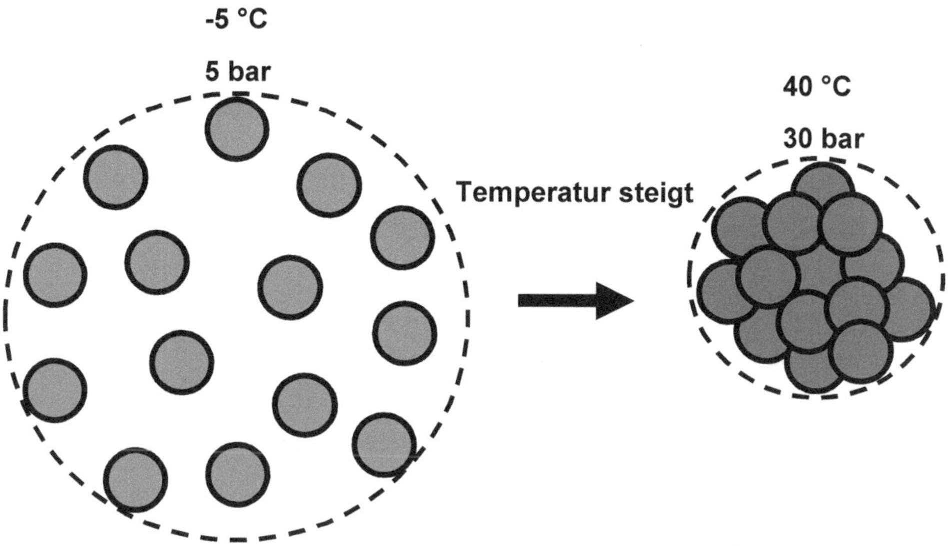

Abbildung 16 Das komprimieren von Gas erhöht die Temperatur.

Um das Kältemittel zu komprimieren, wird ein Verdichter benötigt.

3.4 Verdichter

Der **Verdichter** oder auch **Kompressor** ist das Herzstück der Wärmepumpe. Er hat die Aufgabe, das gasförmige Kältemittel zu komprimieren und dadurch den Druck zu erhöhen. Der Druck des gasförmigen Kühlmittels wird dabei auf bis zu **30 bar** erhöht. Gängige Wärmepumpen arbeiten jedoch mit weniger Druck.

Verdichter sind keine neue Erfindung. Ein Verdichter ist prinzipiell nichts anderes als eine „elektrische Fahrradpumpe“.

Mithilfe eines Elektromotors und eines Kolbensystems wird das Gas verdichtet. Bei heutigen Wärmepumpen werden primär **Scroll-Verdichter** eingesetzt. Dabei wird das Gas durch zwei ineinander verschachtelte Spiralen, welche sich gegenläufig bewegen, verdichtet. Eine Spirale ist fest, die andere rotiert.

Das Gas wird vom äußeren Teil der festen Spirale in die Mitte gedrückt. Da der Durchmesser der Spirale zur Mitte hin immer kleiner wird, verdichtet sich das Gas bei der Bewegung.

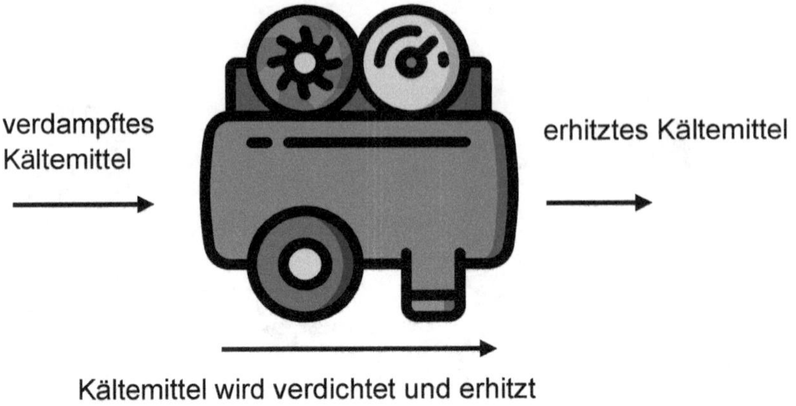

Die Scroll-Verdichter sind sehr effizient und **geräuscharm**.

Durch zusätzliche Dämmungen kann die Geräuschemission einer Wärmepumpe weiterhin reduziert werden.

Neben dem Scroll-Verdichter werden vereinzelt auch andere Verdichtertypen, wie der **Rollkolbenverdichter**, eingesetzt. Dabei wird, ähnlich wie bei dem Kolbensystem eines Dieselmotors, Luft an einem Einlass angesaugt und an einem Auslass verdichtet und hinausgedrückt. Dieser Verdichtertyp ist **effizienter**, jedoch deutlich **lauter**.

Egal, welcher Typ eingesetzt wird, die Verdichter müssen vollkommen dicht sein, damit kein gasförmiges Kältemittel entweichen kann.

Angetrieben wird die Drehbewegung des Verdichters durch einen Elektromotor. Auch beim Elektromotor ist darauf zu achten, dass dieser sehr effizient arbeitet. Denn die Effizienz des Elektromotors geht direkt in die Effizienz der Wärmepumpe mit ein.

Der Vorteil eines Elektromotors im Vergleich zu beispielsweise einem Verbrennermotor ist, dass er in einem großen Leistungsbereich eine gute Effizienz aufweist. Dabei ist der Elektromotor deutlich leiser, effizienter und langlebiger.

Bei den gängigen Luft-Wärmepumpen befindet sich der Verdichter, je nach Hersteller, zusammen mit dem Verdampfer im Teil der Wärmepumpe, welcher **außerhalb des Wohngebäudes** installiert wird. Das hängt jedoch von der konkreten Ausführung ab, wie wir noch sehen werden.

Wie bereits erwähnt, wird durch den Kompressor das Gas verdichtet und erhitzt. Das heiße Gas kann anschließend zum **Kondensator** weitergeleitet werden, um die Wohnung zu beheizen.

3.5 Kondensator und Expansionsventil

Das heiße, komprimierte **Heizgas** trifft anschließend auf den **Kondensator** oder auch **Verflüssiger** genannt. Dort wird die Wärme des Gases entweder direkt an die Raumluft oder mithilfe eines Wärmetauschers an einen Wasserkreislauf abgegeben. Dadurch, dass die Wärme abgeben wird, kondensiert das gasförmige Kältemittel und wird wieder flüssig.

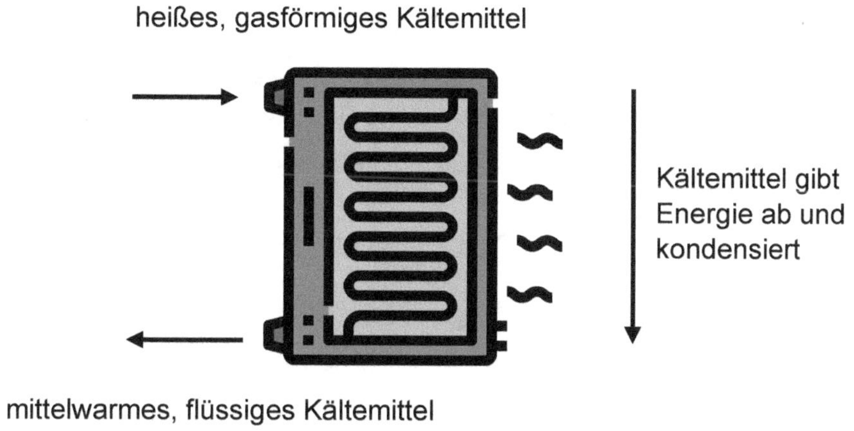

Dabei ist das nun flüssige Kältemittel deutlich kühler, als vor dem Kondensieren, dennoch mit einer Temperatur von circa 20 °C noch relativ warm. Das liegt vor allem an dem immer noch herrschenden Druck von bis zu 30 bar.

Um das flüssige Kältemittel so weit abzukühlen, dass es auch bei einer Umgebungstemperatur von beispielsweise -10 °C noch Energie aufnehmen kann, muss der **Druck deutlich reduziert** werden. Das geschieht mithilfe eines **Expansions-** oder **Entspannungsventils**. Dabei wird der Druck gezielt reduziert, beispielsweise auf **unter 2 bar**.

Als Folge der Druckreduzierung sinkt dementsprechend die Temperatur der Flüssigkeit. Wie weit die Temperatur sinkt, bestimmt die minimale Umgebungstemperatur, bei der die Wärmepumpe noch arbeiten kann. Das hängt wiederum von der individuellen Wärmepumpe ab.

Schlussendlich ist das kalte, flüssige Kältemittel wieder im Verdampfer angekommen, wo es erneut die Umgebungstemperatur aufnehmen und verdampfen kann.

Damit haben wir die wichtigsten Komponenten kennengelernt. Jetzt können wir den gesamten Heizkreislauf darstellen. Dieser wird in jeder Wärmepumpe verwendet, unabhängig von ihrer Ausführung.

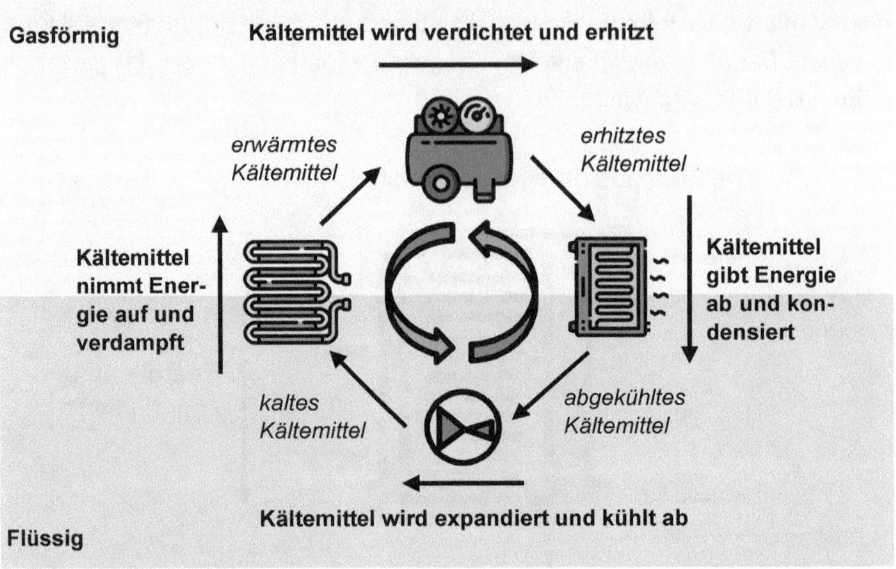

Durch den geschlossenen Kreislauf kann Wärme von einem System, in ein anderes transportiert werden. Bei der Wärmepumpe ist das Ziel, die Umgebungswärme abzugreifen. Es ist jedoch auch möglich, die Wirkungsweise umzukehren. Dann wird aus der Wärmepumpe eine Klimaanlage.

Nach diesem System arbeiten auch alle Kühlsysteme. In jedem Kühlschrank, in jeder Gefriertruhe und in jeder Klimaanlage wird genau das gleiche System, wie in einer Wärmepumpe verwendet, nur sind eben „Ein- und Ausgang“ vertauscht.

Heutige **Wärmepumpen** besitzen zum Teil ebenfalls eine Kühlfunktion, sodass sie im Sommer zur Kühlung der Innenräume verwendet werden können. Dabei gibt es verschiedene Möglichkeiten, beispielsweise eine Fußbodenkühlung oder eine Deckenkühlung. Unter welchen Umständen eine Wärmepumpe auch Kühlleistung bereitstellen kann, sehen wir noch im Kapitel 7 „Tipps und häufige Fehler“. Wärmepumpen werden dabei in verschiedenen Ausführungen hergestellt. Je nach Einsatzbereich sind sie mehr oder weniger effizient. Auch in den Kosten unterscheiden sie sich teilweise massiv.

3.6 Elektronik und Wärmetauscher

Außer aus dem Kältemittelkreislauf, bestehend aus dem Kältemittel, welches durch den Verdampfer, den Verdichter, den Kondensator und das Expansionsventil geleitet wird, besteht eine Wärmepumpe noch aus jeder Menge elektronischen Bauteilen, welche für die Ansteuerung der Pumpen, des Verdichters oder für das Anzeigen der Daten an einem Display zuständig sind. Beispielsweise ist eine **Sanftanlauf**-Steuerung vorhanden, sodass der Verdichter nicht ruckartig angesteuert wird, sondern sanft anlaufen kann. Dadurch werden die mechanischen Bauteile weniger beansprucht und die Lebensdauer erhöht.

Auch Sicherungen und Schutzschaltungen sind verbaut.

Je nach Ausführung fällt der Umfang der Elektronik unterschiedlich stark aus. Bei modernen Modellen sind zusätzliche Touch-Displays vorhanden. Andere Hersteller bieten Erweiterungs-Displays an, über die man die Wärmepumpe ansteuern kann.

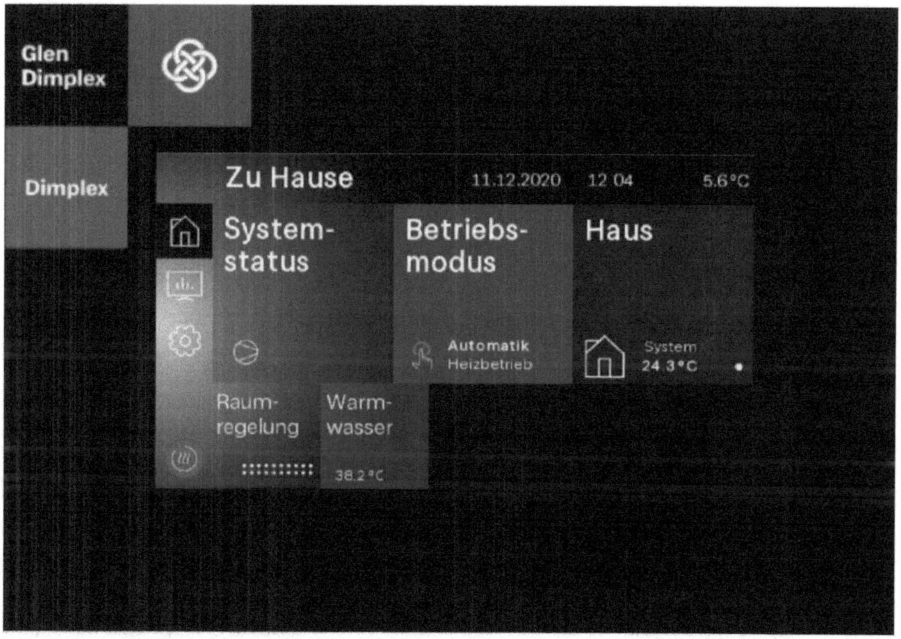

Abbildung 17 Visualisierung einer Dimplex Wärmepumpe über ein WPM Touch Panel

Auch eine Anbindung an das Heimnetzwerk über ein Netzwerkkabel oder eine drahtlose Verbindung bieten viele Wärmepumpen an.

Die Elektronik dient dazu, die Hardware, wie den Verdichter anzusteuern, aber sie dient auch zur Kommunikation mit dem Benutzer oder dem Installateur. So werden wir im Kapitel 7.3 „Einstellungen und Smart Home“ noch sehen, wie durch Einstellen der Wärmepumpe deren Effizienz gesteigert werden kann.

Wir haben bereits den Kältemittelkreislauf kennengelernt. Als letztes Bauteil ist in einer Wärmepumpe mindestens ein **Wärmetauscher** vorhanden. Technisch korrekter ist der Begriff **Wärmeübertrager**, welcher in der Praxis oftmals nicht verwendet wird. Wärmetauscher kommen nicht nur bei Wärmepumpen vor, sondern auch bei Gas- und Pelletheizungen sowie bei Solarthermieanlagen oder auch Wohnraumbelüftungen.

Bei einer Wärmepumpe muss die Wärme des Kältemittels an das Heizwasser abgegeben werden.

Der Kältemittelkreislauf muss, aufgrund des Kältemittels, vollkommen dicht sein. Um die Wärme des Kältemittels an das Heiz- oder Brauchwasser des Hauses abgeben zu können, werden deshalb Wärmetauscher benötigt. Dabei wird ein Wärmetauscher nach dem Kondensator angeschlossen. Strenggenommen ist der Kondensator selbst bereits ein Teil des Wärmetauschers.

Auch auf der Eingangsseite der Wärmepumpe ist ein Wärmetauscher verbaut, der die Umgebungswärme an das (flüssige) Kühlmittel abgibt, und es dadurch zum Verdampfen bringt.

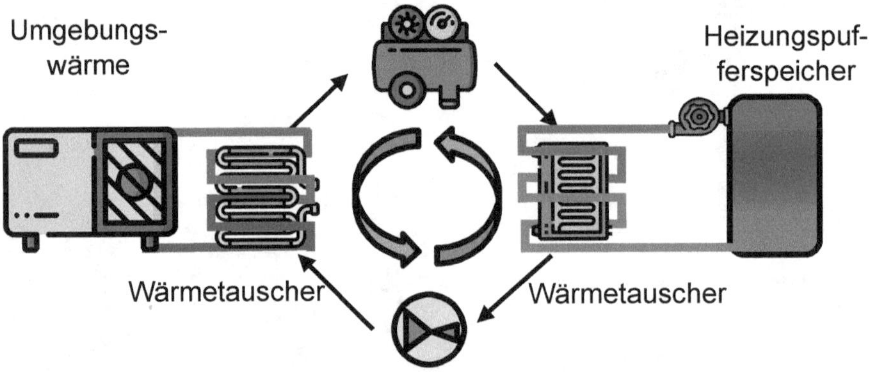

In der Praxis bestehen Wärmetauscher aus vielen Rohren oder Lamellen, damit die Kontaktfläche möglichst groß ist. Plattenwärmetauscher sind dabei die weitverbreitetste Ausführung.

Die Wärmetauscher sind daher jedoch auch anfällig für Verschmutzungen durch Staub oder Schmutz. Als Resultat sinkt die Wärmeübertragung sowie die Effizienz der Anlage. Die Wärmetauscher werden im Zuge der Wartung auf ihre Funktion überprüft.

3.7 Leistungszahlen

Beginnen wir zunächst mit dem großen Vorteil einer Wärmepumpe. Da die Wärmepumpe der Umgebung Wärme entzieht, kann sie aus 1 kWh elektrischer Energie deutlich mehr als 1 kWh Wärmeenergie erzeugen.

Eine Kennzahl, welche die Effizienz ausdrückt, ist der **Effizienzwert,** auch **Leistungszahl** genannt. Zu Englisch der *Coefficient of Performance*, abgekürzt als **COP-Wert**.

Der COP Wert gibt an, wie viele Kilowattstunden Wärme pro 1 kWh elektrischer Energie erzeugt werden. Der COP-Wert ist vergleichbar mit dem „Wirkungsgrad" einer Anlage, jedoch nicht exakt dasselbe.

Eine Wärmepumpe, die aus 1 kWh Strom insgesamt 4 kWh Wärme erzeugt, besitzt einen COP-Wert von 4. Oftmals wird der Wert nicht nur für die Wärmeenergie, sondern auch für die Leistung verwendet.

Eine Wärmepumpe, die aus 1 kW elektrischer Leistung insgesamt 4 kW Heizleistung bereitstellen kann, hat ebenfalls einen COP-Wert von 4. Wie wir jedoch bereits wissen, ist die Energie lediglich die Leistung, die über eine bestimmte Zeit abgerufen wird. Von daher gibt der COP-Wert sowohl das Verhältnis für die Energie als auch für die Leistung an.

Je größer die Temperaturdifferenz zwischen Verdampfer und Kondensator ist, umso ineffizienter arbeitet eine Wärmepumpe. Das gilt für jede Ausführung. Deswegen werden bei einstufigen Wärmepumpen Vorlauftemperaturen von maximal 50 °C verwendet.

Ein Beispiel verdeutlicht das. Die Vorlauftemperatur zur Warmwasseraufbereitung einer Luft-Wasser-Wärmepumpe wird auf 50 °Ceingestellt. Wenn im Frühling die Umgebungstemperatur 10 °C beträgt, liegt der **Temperaturhub** bei 40 °C. Unter diesen Umständen kann unsere Wärmepumpe beispielsweise einen COP-Wert von 4 erreichen. Das bedeutet, dass sie aus 1 kWh elektrischer Energie 4 kWh Heizwärme gewinnen kann.

Liegt die Außentemperatur jedoch im Winter bei -10 °C, beträgt die Temperaturdifferenz bereits 60 °C. Die Wärmepumpe muss das Kältemittel zum Aufheizen deutlich stärker komprimieren, was mehr Strom benötigt. Als Ergebnis kann die Wärmepumpe weniger Wärmeenergie gewinnen. Beispielsweise würde der COP-Wert von 4 auf 2,5 fallen. Aus einer kWh Strom werden nur noch 2,5 kWh Wärme gewonnen.

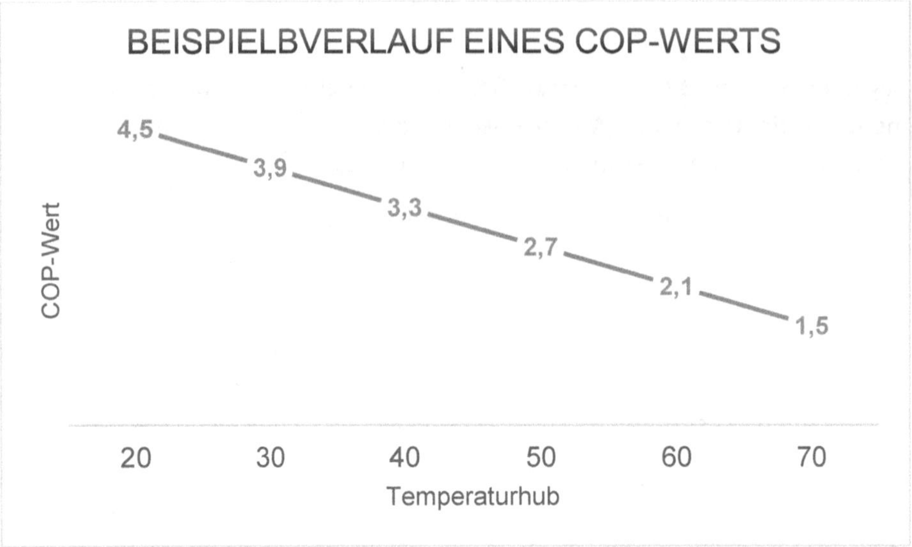

Abbildung 18 Verlauf eines COPs in Abhängigkeit der Temperaturdifferenz von Außen- und Vorlauftemperatur

Um den COP-Wert richtig lesen zu können, müssen wir uns die Unterlagen der Wärmepumpe, das **Datenblatt**, anschauen. Dort finden wir Bezeichnungen, wie:

COP bei A2W35: 5

Dabei handelt es sich um einen COP-Wert von 5, der nach der Norm EN14511 bestimmt wurde. Die Bezeichnung A2W35 setzt sich aus mehreren Bestandteilen zusammen. A steht für Air, die englische Bezeichnung für Luft. Der erste Buchstabe beschreibt die Ausführung der Pumpe im Außenbereich. Alternativ zu Luft sind folgende Abkürzung für andere Ausführungen genormt.

Abkürzung	**Englische Bezeichnung**	**Deutsche Bezeichnung**
W	Water	Wasser
B oder S	Brine	Sole
A	Air	Luft
E	Earth	(Direkt-) Erdreich

Der Buchstabe nach der Bezeichnung (im Beispiel die *2)* beschreibt die Außentemperatur in Grad Celsius, unter denen die Testbedingungen stattgefunden haben.

Im Beispiel bedeutet das, dass der Test bei einer Außentemperatur von 2 °C stattgefunden hat. Anschließend wird die Ausführung im Innenbereich genannt. W35 steht demnach für eine Wasserheizung mit einer Vorlauftemperatur von 35 °C. Zusammenfassend lässt sich also sagen, dass bei dem Test eine Außentemperatur von 2 °C herrschte und beim Warmwasserspeicher eine Vorlauftemperatur von 35 °C eingestellt war. Dabei wurde ein COP-Wert von 5 erreicht.

Dieselben Bezeichnungen werden auch für die Beschreibung der Leistung einer Wärmepumpe verwendet. Diese schwankt ebenfalls mit der Temperatur.

Heizleistung in kW bei A-7W35 (EN 14511): 10,2 kW

Dies bedeutet, dass bei einer Außentemperatur von -7 °C und einer Warmwassertemperatur von 35 °C eine Leistung von 10,2 kW bereitgestellt werden konnte.

Das bedeutet jedoch auch, wenn beispielsweise eine Vorlauftemperatur von 50 °C eingestellt wird, der COP-Wert abnimmt.

Der COP-Wert, welcher angegeben wird, wird von den Herstellern unter Normbedingungen bestimmt. Er ist jedoch mit Vorsicht zu betrachten.

Der COP-Wert ist vergleichbar mit dem **Werks-Spritverbrauch** eines Autos. Es wird großer Wert daraufgelegt, dass das Auto unter Testbedingungen möglichst effizient arbeitet.

In der Praxis wird dieser Wert kaum zu erreichen sein. Wie der Verbrauch später auf der Straße aussieht, ist nicht vernachlässigbar, aber für den Verkauf vorerst zweitrangig. Das ist auch beim COP-Wert nicht anders. Der angegebene COP-Wert wird ganzjährig nicht erreicht. Der Wert ist stark von den Jahreszeiten abhängig, sodass eine jahreszeitenabhängige Erweiterung der **SCOP** (Seasonal Coefficient of Performance), eingeführt wurde.

Diese wird anhand verschiedener Messpunkte ermittelt, die wiederum bei verschiedenen Außentemperaturen bestimmt werden. Die Messungen finden bei Außentemperaturen von -7 °C bis +12 °C statt. Dadurch ist der SCOP genauer als der COP.

Beim SCOP handelt es sich jedoch ebenfalls um einen Optimalwert.

Für uns ist letztlich wichtig, wie viel Strom wir im Jahr benötigen. Ein Maß dafür, wie wirtschaftlich die Wärmepumpe betrieben wird, ist die **Jahresarbeitszahl**, kurz **JAZ**. Sie gibt die tatsächlich verbrauchte Menge an Strom im Verhältnis zur tatsächlich erzeugten Heizmenge an für den Zeitraum eines Jahres an.

$$Jahresarbeitszahl = \frac{Jahresertrag\ Heizenergie}{dafür\ eingesetzte\ elektrische\ Energie}$$

Wenn wir innerhalb eines Jahres einen Stromverbrauch für die Wärmepumpe von 4500 kWh benötigen, um effektiv 18.000 kWh Wärmeenergie zu bekommen, ergibt das eine Jahresarbeitszahl von 4.

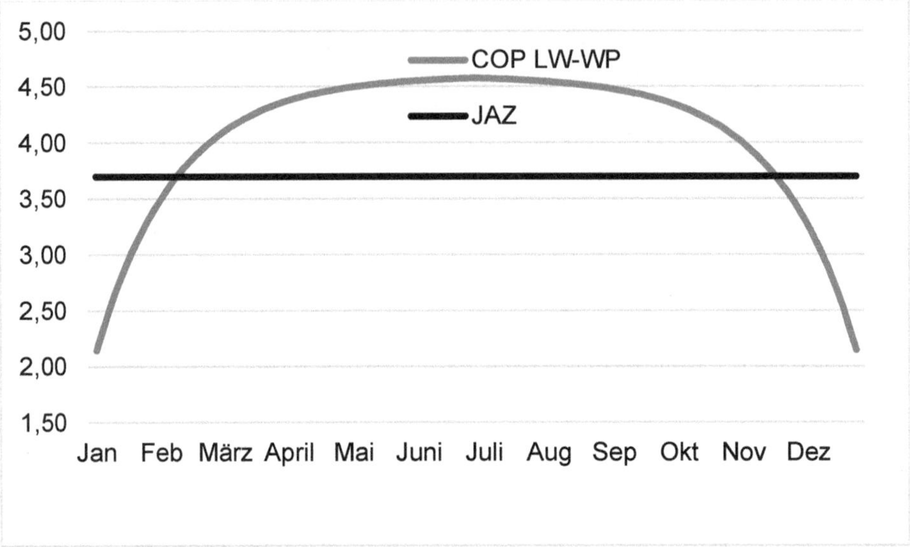

Abbildung 19 Unterschied zwischen COP und JAZ

Die JAZ hängt dabei maßgeblich von der Dämmung und der Umgebung des Wohngebäudes ab. So unterscheidet sich die Jahresarbeitszahl derselben Wärmepumpe in einem ungedämmten Altbau erheblich von dem eines Neubaus.

Zudem steigt die JAZ, wenn die Differenz der Vorlauftemperatur zu den Außentemperaturen relativ gering ist, beispielsweise in einem milden Winter.

In einem kalten Winter sinkt die JAZ entsprechend. Muss zusätzlich ein Notfall-Heizstab anspringen, sinkt die Effizienz und damit die JAZ noch einmal deutlich. Daher sind weitere Kennzahlen zu beachten. Eine davon ist die Leistung der Wärmepumpe.

Es ist einleuchtend, dass ein Mehrfamilienhaus einen deutlich höheren Wärmebedarf aufweist als ein Einfamilienhaus. Entsprechend größer bzw. stärker muss auch die Wärmepumpe ausgelegt sein. Die Wärmeenergie, die eine Wärmepumpe **maximal** bereitstellen kann, wird in der **Leistung** angegeben.

Die Leistung bezieht sich dabei auf die Wärmeleistung, die zu erwarten ist. Die elektrische Leistung schwankt je nach COP.

Eine Wärmepumpe, die mit einem Leistungsbereich von 2,2 kW – 9 kW angegeben ist, kann demnach maximal 9 kW Wärmeenergie bereitstellen. Je nach COP Wert ergibt sich dadurch eine benötigte elektrische Leistung.

Dabei bestimmt auch die Umgebungskälte, wie hoch die Leistung gewählt werden muss. Denn bei einem kälteren Winter sinkt der COP-Wert und die Wärmepumpe braucht, um die gleiche Heizwärme bereitzustellen, mehr elektrische Leistung. Ist die Wärmepumpe dann unterdimensioniert, reicht die ergebende Heizleistung nicht mehr aus, um das Haus zu heizen.

Wie genau wir die Leistung einer Wärmepumpe bestimmen können, werden wir bei der konkreten Auslegung und Planung kennenlernen.

Zunächst schauen wir uns einmal die verschiedenen Ausführungen einer Wärmepumpe an.

Je nach Standort des Wohngebäudes sind verschiedene Ausführungen von Wärmepumpen möglich. Einige sind besonders günstig, andere besonders effizient.

Bei der Betrachtung der Wärmepumpen werden grobe Richtwerte für den Preis einer Anlage genannt. Dabei handelt es sich um die Preise einer durchschnittlichen Anlage für ein Einfamilienhaus **ohne** Installation. Die Installationskosten hängen stark vom Bundesgebiet ab und können um den Faktor drei oder höher voneinander abweichen. Daher wäre es unsinnig, einen Richtwert für einen Vollkosten-Preis zu nennen. Durch Inflation und Auftragslage schwanken die Preise für Heizungssysteme seit einigen Jahren stark. Zudem gibt es auch saisonale Preisunterschiede. Die genannten Preise sind daher als Vergleichswert innerhalb des Systems zu verstehen, um die verschiedenen Wärmepumpensysteme besser gegenüberstellen zu können. Je nachdem, in welcher Marktphase man diesen Ratgeber liest, können die Preise stark abweichen.

Als Letztes schauen wir uns einen weiteren technischen Unterschied an. Einige Wärmepumpen verwenden einen sogenannten **Inverter**.

Wärmepumpen ohne Inverter können lediglich ein- und ausgeschaltet werden. Wenn mehr Heizleistung benötigt wird, wird die Wärmepumpe länger eingeschaltet.

Wenn jedoch ein Inverter verbaut ist, kann die Wärmepumpe ihre Leistung an den Heizbedarf anpassen.

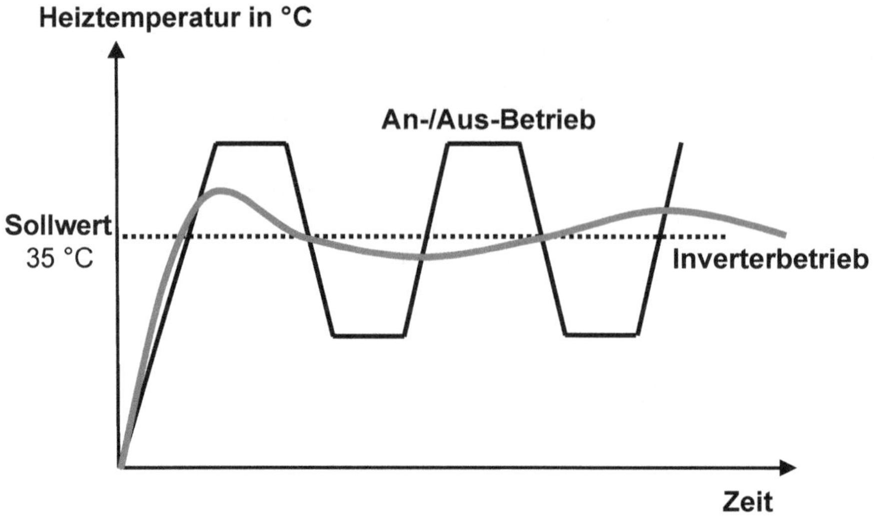

Abbildung 20 Inverter gesteuerte Pumpen schalten seltener

Das ergibt einen Effizienzvorteil, der in der Praxis jedoch sehr gering ausfällt. Jedoch laufen die Wärmepumpen mit Inverter ruhiger und die Lebensdauer steigt.

Nachdem wir gesehen haben, wie eine Wärmepumpe aufgebaut ist und was es mit der Jahresarbeitszahl auf sich hat, schauen wir uns einmal an, wie umweltfreundlich die Herstellung und der Betrieb einer Wärmepumpe wirklich ist. Vor allem das Kältemittel hat dabei als „Klimakiller" in der Vergangenheit immer wieder negative Schlagzeilen gemacht.

3.8 Umweltfreundlichkeit von Wärmepumpen

Das Ziel beim Einsatz von Wärmepumpen ist es, auf der einen Seite den absoluten Energiebedarf zu reduzieren. Auf der anderen Seite dienen sie jedoch auch zur Einsparung von Treibhausgasen. Denn die klimaneutrale Produktion von Strom ist deutlich einfacher zu realisieren als klimaneutrales, synthetisch erzeugtes Gas.

Doch eine CO_2-Ersparnisist unsinnig, wenn beim Betrieb eines Geräts andere Treibhausgase ausgestoßen werden.

Zunächst schauen wir uns an, welche Emissionen bei der Produktion einer Wärmepumpe ausgestoßen werden.

Wärmepumpen sind Kühlgeräte, wie ein Kühlschrank oder eine Gefriertruhe. Daher beinhalten Wärmepumpen keine raren oder kritischen Stoffe wie seltene Erden, Lithium, Kobalt oder Ähnliches. Jedoch wird, wie bei jeder technischen Anlage, Energie zur Produktion der Bauteile benötigt. Die benötigte Energie liegt jedoch im Bereich von anderen Heizungssystemen und ist daher kein Argument gegen die Anschaffung einer Wärmepumpe.

Abbildung 21 Die Produktion einer Wärmepumpe benötigt Energie, beispielsweise um die druckbeständigen Rohre zu produzieren.

Die gesamte Technik, wie die Elektromotoren, kann recycelt werden. Der einzige bedenkliche Stoff ist das Kältemittel. Früher wurden in Kühlschränken klimaschädliche Verbindungen aus Fluor-, Chlor-, Kohlen- oder Wasserstoff verwendet. Diese **FCKW** sind eine chemische Gruppe aus niedermolekularen, organischen Verbindungen, die bis zu 1000-mal treibhausfördernder sind als CO_2.

FCKW wurden lange als Treibgase, Kältemittel in Kühlschränken oder als Lösemittel verwendet. Heutzutage sind sie verboten. In Wärmepumpen werden **keine FCKW** verwendet. Stattdessen werden ungiftige und nicht brennbare Ersatzstoffe eingesetzt. Vermehrt wird das Kältemittel Propan (R290) eingesetzt. Dieses ist nicht besonders klimaschädlich, jedoch entzündlich. Alternativ wird Ammoniak (R717) oder chemisch aufbereitetes Kohlenstoffdioxid (R744) verwendet.

All diese Stoffe sind nicht schwer toxisch, jedoch sollten sie dennoch unter keinen Umständen in Kontakt mit dem menschlichen Körper kommen oder der Umwelt ausgesetzt werden. Deshalb sollte das Nachfüllen von Kältemitteln nur von

Fachleuten übernommen werden. Zudem ist es wichtig, regelmäßig zu kontrollieren, ob Kältemittel entweichen kann.

Auch das Recycling ist bis auf das Kältemittel bedenkenlos. Als Endkunde hat man damit nichts zu tun.

Die Demontage und Entsorgung einer Wärmepumpe und des darin enthaltenen Kältemittels muss zwingend von einem zertifiziertem Kältetechnikunternehmen durchgeführt werden.

EG 842/2006, 303/2008 und 517/2014

Zusammenfassend müssen wir uns als Endkunde kaum Gedanken machen, welches Kältemittel eingesetzt wird. Die Hersteller sind in der Pflicht, Grenzwerte einzuhalten, genau wie bei anderen Heiz- oder Kühlsystemen auch.

Es verhält sich ähnlich wie beim Kauf eines Kühlschranks oder einer Gefriertruhe, in der Regel wird das Gerät nicht anhand des eingesetzten Kältemittels ausgewählt.

Als Nächstes unterscheiden wir, mit welchem Strom die Wärmequelle betrieben wird. Wenn ausschließlich Strom aus erneuerbaren Energien verwendet wird, arbeitet die Wärmepumpe weitestgehend klimaneutral. Selbst, wenn für die Stromerzeugung Gas- oder Kohle verbrannt wird, ist der Wirkungsfaktor immer noch besser, als wenn man die Kohle oder das Gas direkt zum Heizen verwendet. Das klingt auf den ersten Blick unglaubwürdig, ist in der Realität jedoch tatsächlich der Fall.

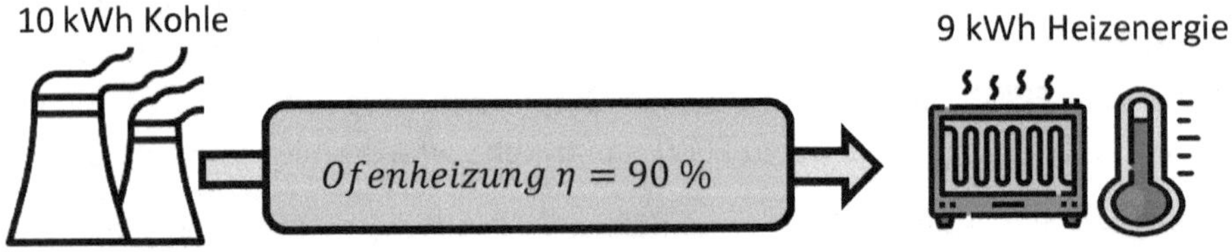

Abbildung 22 Energieabgabe bei Direktheizung

Beim Verbrennen von fossilen Energieträgern beispielsweise in einem Pelletofen werden maximal 90 % der Energie in Wärme umgewandelt.

Wenn die Kohle, das Öl oder das Gas mithilfe eines Kraftwerks in Strom umgewandelt wird, liegt der Wirkungsgrad bei circa 40 %.

Da die meisten Wärmepumpen jedoch Jahresarbeitszahlen von 3,5 - 5 besitzen, wird aus dem Strom wiederum mehr Energie gewonnen, als die Kohle oder das

Gas anfänglich besaß. Das liegt auch hier wieder daran, dass zusätzliche Umgebungswärme hinzugezogen wird.

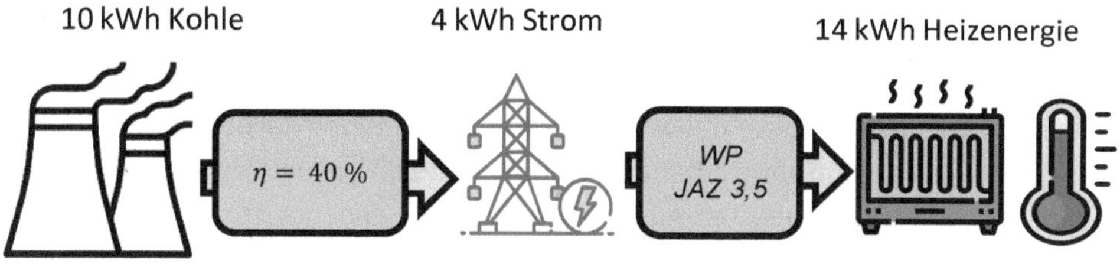

Abbildung 23 Wirkungsgradablauf Kohle-Strom-Wärme

Selbst wenn Übertragungsverluste durch das Stromnetz von 5 bis 15 % hinzugerechnet werden, ist der Einsatz einer Wärmepumpe immer noch sinnvoller als das direkte Verbrennen von fossilen Energieträgern.

Zugegeben, kann das selbstverständlich nicht das Endziel sein. Doch bereits heute besteht der deutsche Strommix zu 50 % aus erneuerbaren Energiequellen, primär Windkraft und Photovoltaik.

Zudem sind Öko-Stromtarife in der Regel lediglich 5 bis 10 % teurer als konventionelle Anbieter. Durch einen Aufpreis von 5 bis 10 % bei der Stromrechnung wird die Wärmepumpe während der Laufzeit vollständig klimaneutral betrieben.

Dadurch spart eine Wärmepumpe pro Kilowattstunde Heizleistung gegenüber einer Gasheizung über **200 g CO_2** ein, gegenüber einer Ölheizung sogar über **300 gCO_2**[2]. Bei einem durchschnittlichen Heizwärmebedarf von 13.500 kWh sind das pro Jahr **2,8 - 4,3 Tonnen CO_2 pro Haushalt**! Dabei sind die indirekten Folgen beispielsweise für die Lieferung des Öls noch nicht einmal mit einberechnet.

Oftmals werben Wärmepumpenhersteller mit dem A+++ - Energieeffizienzsiegel.

Dabei handelt es sich um ein Siegel, welches den Verbrauch eines Elektronikgerätes bewertet. Die Skala reicht dabei von G (sehr schlecht) bis A+++ (sehr gut). Bei Kühlschränken, Gefriertruhen, Waschmaschinen oder ähnlichen Geräten.

Bei Wärmepumpen sind diese Siegel wenig aussagekräftig. A+++ ist mittlerweile zum Standard geworden, man sollte sich davon nicht „beeindrucken lassen". Die Leistungszahlen wie COP/SCOP sind deutlich aussagekräftiger.

Als Nächstes schauen wir uns verschiedene Arten von Wärmepumpen an. Jede hat dabei ihre eigenen Vor- und Nachteile.

4 Verschiedene Arten von Wärmepumpen

Der Kältemittelkreislauf, wie wir ihn kennengelernt haben, bildet die Grundfunktion einer Wärmepumpe. Das Medium, aus dem die Wärme entzogen wird oder nach dem Kondensator wieder abgegeben wird, kann sich dabei unterscheiden.

Je nach Einsatzgebiete sind diverse Wärmepumpentypen vorhanden. Die unterschiedlichen Ausführungen haben allesamt diverse Vor- und Nachteile. Deshalb schauen wir die geläufigsten Ausführungen einmal genauer an.

4.1 Sole-Wasser-Wärmepumpe

Wir wissen bereits, dass die JAZ ansteigt, wenn die Außentemperatur möglichst hoch bleibt. Die Temperatur der Umgebungsluft kann dabei jedoch erheblich schwanken. Abhilfe schafft eine **Sole-Wasser-Wärmepumpe** (SWWP) oder auch **Erdreich-Wasser-Wärmepumpe** genannt.

Der erstgenannte Begriff beschreibt, **woraus** die Wärme gewonnen wird, also aus dem **Erdreich**. Der zweitgenannte Begriff beschreibt, wie die Wärme im Gebäude gespeichert wird. Zum Beispiel in einem Heiz- oder Brauchwassertank. Andere Begriffe, wie beispielsweise Erdreich-Brauchwasser-Wärmepumpe, werden gelegentlich zur noch genaueren Beschreibung verwendet. Es gibt keine einheitliche Regelung. Da fast alle gängigen Wärmepumpen zur Warmwasseraufbereitung genutzt werden, wird der zweite Teil der Bezeichnung häufig weggelassen. Anstatt Sole-Wasser-Wärmepumpe wird Sole-Wärmepumpe verwendet.

Die Sole-Wärmepumpe verwendet eine Sole (Salz-Wassergemisch), um Wärme aus dem Erdreich zu gewinnen.

Denn bereits zwei Meter unter der Erdoberfläche ist die Bodentemperatur ganzjährig über dem Gefrierpunkt. Je tiefer die Erdschichten liegen, umso wärmer und konstanter sind die Temperaturen.

Zudem schwanken die Temperaturen während der Jahreszeiten deutlich weniger als über der Erde. So sind im Hochsommer nicht mehr als 15 °C zu erwarten.

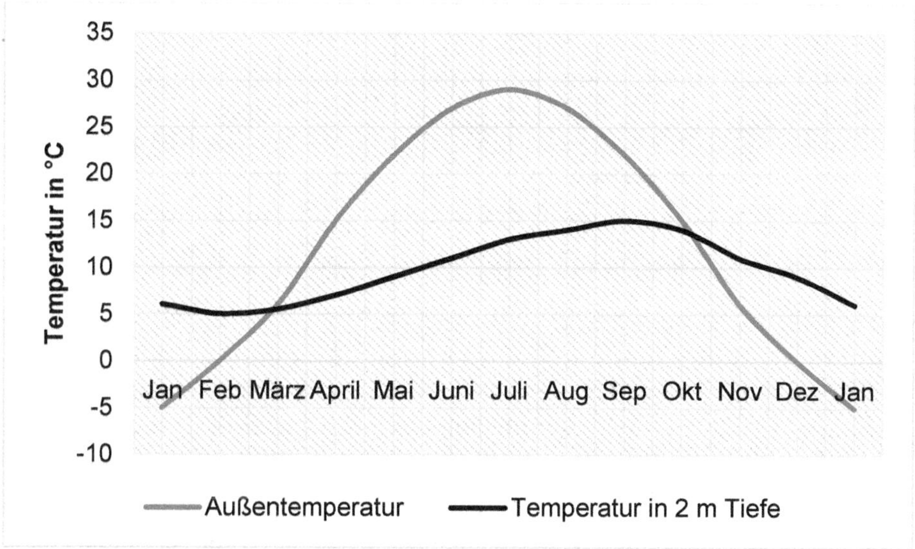

Abbildung 24 Temperaturunterschied in 2 m Tiefe

Diese Erdwärme kann mithilfe einer Sole-Wasser-Wärmepumpe zur Warmwassergewinnung für Brauchwasser und zum Heizen verwendet werden. Vor allem in den kalten Jahreszeiten sind die Sole-Wasser-Wärmepumpen deutlich effizienter, als beispielsweise die Luft-Wasser-Wärmepumpe, die wir ebenfalls noch anschauen werden.

Realisiert wird eine Sole-Wasser-Wärmepumpe, indem ein großer Bereich des Grundstücks ausgehoben wird. In einer Tiefe von circa ein bis zwei Meter wird ein **Flächenkollektor** eingebaut. Dieser ähnelt einer Fußbodenheizung, dient jedoch dazu, die Wärme aufzunehmen. Der Flächenkollektor sammelt die Wärme ein und leitet sie anschließend zum Verdampfer. Dafür wird eine Sole oder ein Wasser-Frostschutzmittel verwendet. Die gewonnene Wärme wird anschließend auf das Kältemittel übertragen. Die folgenden Schritte kennen wir bereits. Das Kältemittel wird im Verdichter komprimiert und erhitzt sich. Dabei ist es immer noch gasförmig. Das heiße, gasförmige Kältemittel kondensiert im Kondensator und gibt dabei die Wärme an das Brauch- oder Heizwasser ab. Anschließend wird das heiße Wasser in einem gewöhnlichen Warmwasserspeicher, wie es auch bei einer Gas- oder Ölheizung der Fall ist, gespeichert.

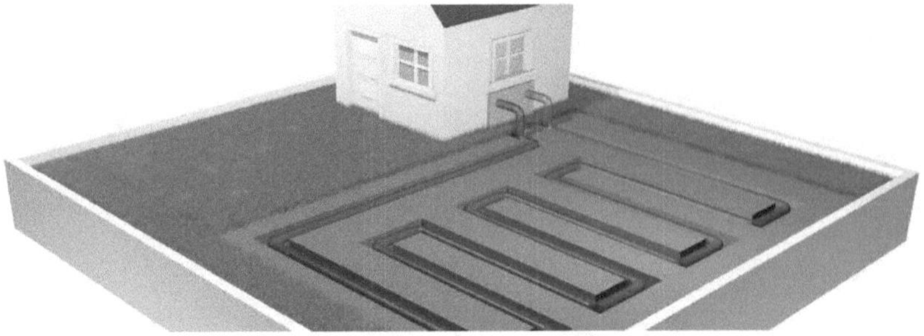

Abbildung 25 Flächenkollektor für Erdwärme von Noventec

Dadurch, dass die Temperatur des Erdreichs auch im Winter noch über dem Gefrierpunkt liegt, können Sole-Wärmepumpen eine JAZ im Bereich 4 - 6 erreichen. Das ist sehr effizient. Jedoch wird dafür eine große Freifläche benötigt. Der Bedarf hängt stark vom Boden und vom Wärmebedarf des Gebäudes ab. Trockene Sandböden können weniger Energie abgeben als ein feuchter Lehmboden. Die Kennzahl, welche ermittelt werden muss, ist die **Wärmeertragsleistung** des Bodens. Diese gibt an, wie viel Leistung aus einem Quadratmeter Erdboden entzogen werden kann.

Als Faustformel können wir **pro 1 m^2 beheizter Wohnfläche mit 1–2 m^2 Freilandfläche** rechnen. Bei 150 m^2 Wohnfläche wird im schlechtesten Fall eine Freifläche von 300 m^2 benötigt.

Dementsprechend vergrößert oder verkleinert sich auch hier der Flächenbedarf für einen Flächenkollektor.

Wenn die Größe des Grundstücks nicht ausreicht, um einen Flächenkollektor zu vergraben, kann alternativ eine kleinere, aber tiefe Bohrung stattfinden. In einer Tiefe von bis zu vier Metern wird dafür ein „Erdkorb" eingelassen. Dabei handelt es sich um mehrere Verdampfer-Schleifen übereinander. Es können auch mehrere Erdkörbe verlegt werden.

Abbildung 26 Erdwärmekörbe für Erdwärme von Noventec

Alternativ zu den Erdkörben kann eine einzige, tiefere Bohrung erfolgen.

In einer bis zu 200 m tiefen Bohrung wird eine Sonde eingelassen. Bei der Sonde handelt es sich um zwei Kunststoffrohre, welche am unteren Ende verbunden sind, sodass das Kältemittel mithilfe einer Umwälzpumpe zirkulieren kann. Der Hohlraum um die Sonde wird anschließend aufgefüllt.

Meistens werden Bohrungen in Tiefen bis 100 m realisiert. In 100 m Tiefe sind durchgehend Temperaturen von bis zu 15 °C.

Alles darüber hinaus ist in der Regel nicht wirtschaftlich. Zwar wäre die Temperatur bei 200 m oder darüber hinaus noch einmal deutlich wärmer. In 400 m Tiefe ist das Erdreich ganzjährig bei 25 °C. Dadurch wären theoretische Jahresarbeitszahlen von über 100 möglich. Doch die Bohrarbeiten sind teuer und die zusätzlichen Kosten stehen in keinem Verhältnis zur besseren Effizienz.

Wenn eine Sonde für die gewünschte Heizwärme nicht ausreicht, werden zwei oder sogar drei Sonden mit einer Tiefe von 70 bis 100 m eingesetzt.

Pro Meter Erdreichstiefe kann eine Sonde ungefähr 0,05 kW Leistung aufnehmen. Die genaue Menge hängt von der Wärmeleitfähigkeit und der Beschaffenheit des Bodens ab. Deshalb müssen 30 % Sicherheitspuffer eingeplant werden, die die Sonde tiefer reichen muss. Bei einem Heizbedarf von 7 kW müsste die Sonde folglich:

$$\frac{7\,kW}{0{,}05\,kW/m} \cdot 1{,}3 = 182\,m$$

In diesem Fall würden daher zwei Bohrungen mit jeweils 91 m Tiefe gebohrt werden.

Dabei sind die zusätzlichen Kosten für die Erdarbeiten nicht zu unterschätzen. Eine Bohrung für eine Sonde kann schnell mehrere tausend Euro kosten. Man muss demnach kalkulieren, ob die Verbesserung der JAZ diesen Aufwand rechtfertigt. Zudem hängt es von der Beschaffenheit des Untergrunds ab. Oftmals muss ein Boden-Gutachten gemacht werden, ob es prinzipiell überhaupt möglich ist eine Sonde zu setzen. Zudem muss geprüft werden, ob der Boden genügend Wärme abgeben kann. Die **Wärmeleitfähigkeit** des Erdreichs darf nicht zu gering ausfallen. Weiterhin muss beachtet werden, dass tiefe Bohrungen eine Genehmigung der Gemeinde benötigen. Das hängt von der Kommune ab. Deshalb ist es ratsam, vor der Auswahl einer Sole-Wasser-Wärmepumpe Rücksprache mit der Gemeinde und dem Heizungsinstallateur zu halten, um eventuelle Vorgaben einzuhalten.

Ob eine Sole-Wasser-Wärmepumpe eingesetzt werden kann, hängt bei der Umsetzung, vor allem von der Grundstücksfläche ab. Bei einem frei stehenden Ein- oder Mehrfamilienhaus auf dem Land ist es in der Regel möglich. In dicht besiedelten Städten kaum bis gar nicht.

Ein weiterer Punkt ist die erschwerte Wartung der unterirdischen Anlage. Auch wenn die Haltbarkeit bei 20 Jahren oder länger liegt, kann es vorkommen, dass eine Sonde oder ein Flächenkollektor beschädigt wird. Eine Reparatur ist deutlich aufwändiger und dementsprechend teurer. Aus diesen Gründen werden Bodensonden nur in besonders geeigneten Fällen eingesetzt. Hinzu kommen die Kosten, die sich auf über 20.000 € belaufen. Inklusive Erdarbeiten, ggf. Gutachten, Genehmigungen und Installation sind in den letzten Jahren Preise von 20.000 bis 40.000 € realistisch gewesen. Die große Spanne liegt an den vielen Einflussfaktoren, ob eine Sonde gebohrt wird oder nicht, etc.

Der Anteil der Sole-Wasser-Wärmepumpen am Wärmepumpenmarkt beträgt ungefähr noch 20 %, Tendenz sinkend. Im Jahr 2008 lag der Anteil noch über 40 %.

Ein ähnliches Konzept, wie die Sole-Wasser-Wärmepumpe, verwendet die Wasser-Wasser-Wärmepumpe.

4.2 Wasser-Wasser-Wärmepumpe

Die **Wasser-Wasser-Wärmepumpe** (WWWP) oder auch **Grundwasser-Wasser-Wärmepumpe** genannt, verwendet die Wärme des Grundwassers, anstatt die Wärme des Bodenreichs.

Wie der Name schon verrät, wird dafür ein Grundstück mit Grundwasserzugang benötigt. Das ist jedoch nur selten der Fall. Deshalb werden Grundwasser-Wärmepumpen nur sehr selten (<5 %) eingesetzt.

Der Aufbau ähnelt dem einer Erdwärmepumpe. Es werden zwei Bohrungen getätigt, die bis in die Tiefe des Grundwassers reichen müssen. Dabei handelt es sich um zwei gewöhnliche Brunnen, wie sie auch unabhängig von Wärmepumpen zur Grundwassergewinnung eingesetzt werden.

An einem der beiden Brunnen, dem **Entnahmebrunnen**, wird Grundwasser angesaugt. Das Grundwasser, welches eine Temperatur von circa 7 bis 14 °C hat, wird angesaugt. Die Wärme des Wassers wird wiederum über einen Wärmetauscher an das Kältemittel des Wärmepumpenkreislaufes übertragen, welches dabei verdampft. Von hier an ist der Ablauf mit dem der Erdwärmepumpe identisch. Das Kältemittel verdampft, wird verdichtet und kondensiert unter Abgabe der Wärme an das Brauch- oder Heizwasser.

Das abgekühlte Grundwasser wird, nachdem es die Wärme an das Kältemittel abgegeben hat, in den **Schluckbrunnen** befördert, wo es wieder dem unterirdischen Grundwasservorkommen zugeführt wird.

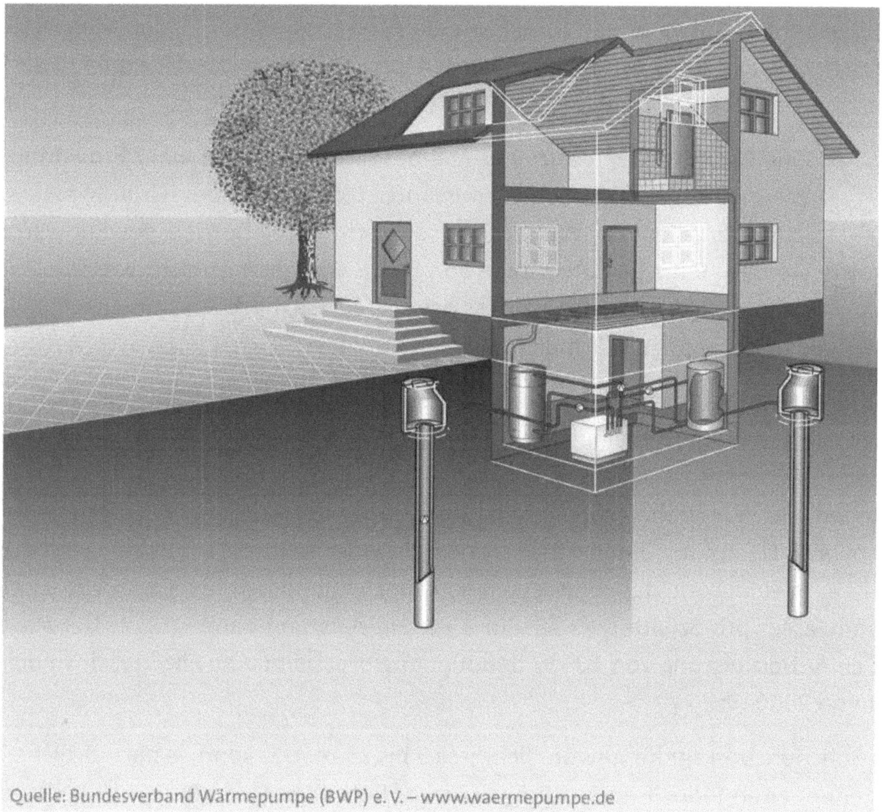

Quelle: Bundesverband Wärmepumpe (BWP) e. V. – www.waermepumpe.de

Abbildung 27 Grundwasser-Wärmepumpe

Der Entnahmebrunnen und der Schluckbrunnen sind dabei mehrere Meter voneinander entfernt, damit nicht das kühle, zurückgeführte Wasser des Schluckbrunnens direkt wieder angesaugt wird.

Das Grundwasser muss für den Betrieb einer Grundwasser-Wärmepumpe nicht nur in ausreichender Menge, sondern zusätzlich nicht verunreinigt vorkommen.

Ein hoher Eisengehalt kann beispielsweise zu Ablagerungen im Wärmetauscher führen. Dadurch sinkt die Effizienz der Wärmepumpe oder führt langfristig zu einem kompletten Ausfall.

In solch einem Fall, wenn das Grundwasser chemisch verunreinigt ist, kann alternativ eine Grundwasser-Wärmepumpe mit Zwischenkreislauf verwendet werden. Dabei wird das Grundwasser nicht direkt zur Wärmepumpe angesaugt. Stattdessen wird, ähnlich wie bei einer Erdreich-Wärmepumpe, eine Sonde in den Brunnen abgelassen, welche die Wärme des Grundwassers aufnimmt. Der Zwischenkreislauf, welcher mit einer Sole oder einem anderen Kältemittel arbeitet, leitet die Wärme anschließend zum Haupt-Kreislauf der Wärmepumpe weiter. Dieser Mehraufwand mindert jedoch die Effizienz und zieht einen Mehrpreis mit sich. Es muss vor Ort berechnet werden, ob sich nicht vielleicht eine Erdwärmepumpe eher rentiert.

Eine Grundwasser-Wärmepumpe besitzt alle Vorteile einer Erdwärme-Wärmepumpe. Durch die konstante Temperatur des Grundwassers, kann vor allem im Winter, ein sehr effizienter Betrieb gewährleistet werden. **Jahresarbeitszahlen von bis zu 6** können erreicht werden. Zudem entfällt das Problem, dass das Erdreich, je nach Zusammensetzung, eine zu geringe Wärmeleitfähigkeit aufweist.

Wasser ist ein hervorragender Wärmeleiter. Deshalb wird es auch zum Heizen innerhalb des Gebäudes eingesetzt. Für die Grundwasser-Wärmepumpe bedeutet dies, dass **große Leistungen** möglich sind. So können Grundwasser-Wärmepumpen auch zum Beheizen von Altbauten verwendet werden, die aufgrund der geringeren Dämmung einen höheren Energiebedarf aufweisen. Dabei spielt die Fließgeschwindigkeit des Wassers eine entscheidende Rolle. Circa 200 Liter Grundwasser pro Stunde werden für 1 kW Heizleistung benötigt. Ein Gebäude mit einer Heizleistung von 10 kW benötigt entsprechend eine Fließgeschwindigkeit von 2000 l/h.

Die Bohrtiefe beträgt für gewöhnlich circa 5 bis 15 m. Das kann, je nach örtlichen Gegebenheiten jedoch auch stark variieren. Bohrungen von bis zu 100 m sind möglich.

Abbildung 28 Bohrung für einen Saugbrunnen

Dabei ist der Vorteil, dass das Grundwasser mehr Wärmeenergie besitzt, jedoch die Bohrarbeiten deutlich kostenintensiver ausfallen. Denn eine Brunnenbohrung kostet mehr, je tiefer ein Brunnen gebohrt werden muss. Eine Brunnenbohrung mit einer Tiefe von circa 15 m liegt bereits bei 3000 € oder mehr.

Zudem benötigt die Pumpe mehr Leistung, was sich wiederum negativ auf die JAZ auswirkt.

Deshalb sind eine **Probebohrung** und ein **Pumpversuch** notwendig. Dabei werden wichtige Parameter, wie die Fließgeschwindigkeit des Wassers, gemessen und eine Grundwasseranalyse erstellt. Allein diese Probebohrung liegt bei 2000 € bis 4000 €. Die Befragung der Nachbarn kann hilfreich sein, sich die Kosten zu sparen. Oftmals ist man nicht der Einzige, der das Grundwasser nutzen möchte und ggf. bereits eine Probebohrung und eine Grundwasseranalyse vorgenommen hat.

Zusätzlich wird beim Anzapfen des Grundwassers, genau wie beim Bau eines gewöhnlichen Brunnens, oftmals eine Genehmigung der Gemeinde bzw. der zuständigen (Grund-) Wasserbehörde benötigt. Dabei unterscheiden sich die verschiedenen Bundesländer in ihren Vorgaben. Vor dem Bau einer Grundwasser-Wärmepumpe, genau wie bei einer Erdwärmepumpe, muss man die Vorgaben abklären und wissen, welche Instanz für das Grundwasser zuständig ist.

Wir sehen, dass eine Grundwasser-Wärmepumpe mit erheblichen mehr Kosten und einem höheren Aufwand einhergeht.

Ein weiteres Risiko, welches im Rahmen dieses Ratgebers nicht unerwähnt bleiben soll, ist die Planungssicherheit einer Grundwasser-Wärmepumpe. Denn in Deutschland herrscht seit Jahren akute Wasserknappheit. Einige Gebiete sind bereits als Wasserschutzgebiet gekennzeichnet. Hier ist die generelle Entnahme oder die Verwendung von Grundwasser untersagt. Doch auch in Gebieten, in denen eine Grundwasser-Wärmepumpe genehmigt wird, kann es über die Jahre zum Schwund des Grundwassers kommen.

Wenn der Grundwasserspiegel sinkt, leidet die Effizienz der Wärmepumpe. Im schlimmsten Fall liefert die Wärmepumpe überhaupt keine Wärmeleistung mehr. Dann muss eine zweite Heizlösung eingebaut werden. Zugegeben ist die Wahrscheinlichkeit sehr gering, absolut gesehen, je nach Region und Grundwasservorkommen, jedoch nicht zu unterschätzen.

Da eine Wärmepumpe eine langfristige Anschaffung ist, ist einigen Bauherren das Risiko zu hoch. Wie hoch das Risiko eines Grundwasserschwunds ist, hängt wiederum stark von der Region ab. Es gibt auch reichlich Regionen, in denen das Grundwasser für mindestens Jahrzehnte als sicher gilt. Prinzipiell sollte man eine Grundwasser-Wärmepumpe daher nicht kategorisch ausschließen, denn, wie wir bereits gesehen haben, bietet sie jede Menge Vorteile, wie eine hohe Effizienz bei gleichzeitig hoher Leistung. Auch wirtschaftlich lohnt sich eine Grundwasserwärmpumpe mit einer **JAZ von durchschnittlich 4,5** gegenüber anderen Wärmepumpen.

Bei Neubauten erreichen Grundwasser-Wärmepumpen bereits heute Jahresarbeitszahlen von **über 6**. Damit sind Grundwasser-Wasser-Wärmepumpen die effizienteste Möglichkeit zu heizen. Wenn möglich, sollte man den Bau in Betracht ziehen.

Eine genaue Kostengegenüberstellung werden wir uns bei der Auswahl der Wärmepumpen anschauen.

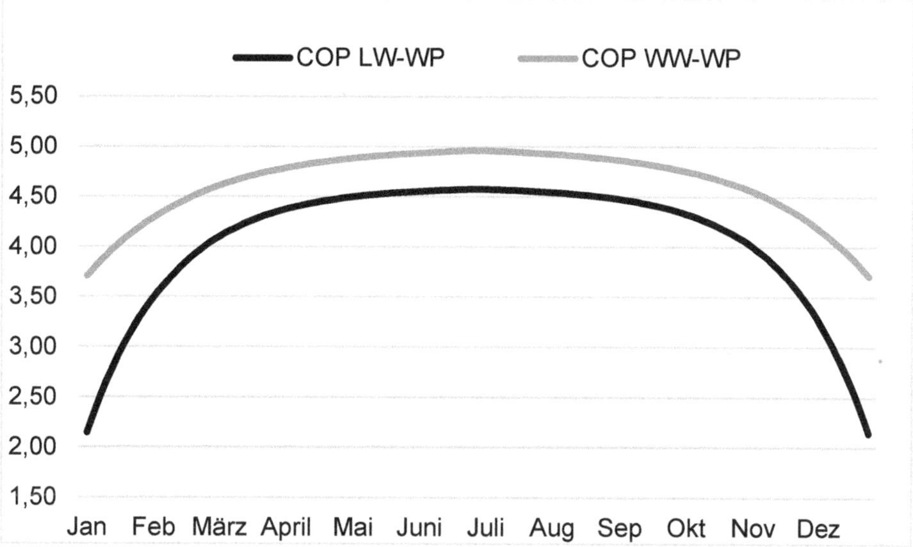

Abbildung 29 Der COP der WW-WP ist deutlich konstanter als bei der LW-WP.

Als Nächstes schauen wir uns die Wärmepumpenausführung an, die beinahe zu 80 % verbaut wird. Die Luft-Wasser-Wärmepumpe.

4.3 Luft-Wasser-Wärmepumpe

Eine Luft-Wasser-Wärmepumpe (LWWP) funktioniert grundlegend wie die vorher genannten Wärmepumpen. Jedoch wird bei der Luft-Wasser-Wärmepumpe der Umgebungsluft Energie entzogen. Das geht mit vielen Vorteilen, aber auch einigen Nachteilen einher.

Zunächst ist die Luft-Wasser-Wärmepumpe, wie die Sole-Wasser-Wärmepumpe und die Wasser-Wasser-Wärmepumpe, in zwei Einheiten aufgebaut. Man spricht dabei von einer **Split-Wärmepumpe**.

Der Teil des Geräts, welcher außerhalb des Wohngebäudes aufgestellt ist, stellt den Verdampfer dar. Jeder, der bereits durch ein Neubaugebiet gelaufen ist, wird zahlreiche Außeneinheiten von Wärmepumpen gesehen haben, sie sind kaum zu übersehen.

Abbildung 30 Splitt-Wärmepumpe Außeneinheit

Aufgebaut ist die Außeneinheit aus Lamellen, sodass die Oberfläche, durch die das Kältemittel läuft, möglichst groß ist. Dadurch kann mehr Umgebungswärme abgegriffen werden. Zudem ist ein großer Lüfter verbaut, der für einen kontinuierlichen Luftstrom sorgt.

Je nach Ausführung ist ein Teil der Elektronik, wie der Verdichter, ebenfalls in der Außeneinheit verbaut. Das verdichtete, heiße Kältemittel wird anschließend durch zwei Rohre in den Heizraum des Gebäudes geführt, wo die Wärme wiederum über einen Wärmetauscher an das Heiz- und/oder Brauchwasser abgegeben werden kann.

Eine andere Ausführung ist die Innenaufstellung. Dabei ist der Verdampfer, welcher die Wärmeenergie aufnimmt, nicht im Außenbereich, sondern im Innenbereich aufgestellt. Die Luft wird dabei über zwei Zulaufrohre angesaugt. Vergleichbar ist dieses Konzept mit einer Klimaanlage, welche oftmals ebenfalls keine Außeneinheit aufweist.

Eine weitere Alternative ist, die gesamte Technik, inklusive Verdichter und Kondensator auszulagern und lediglich zwei Schläuche für Warmwasser anzuschließen. Der größte Nachteil ist hierbei, dass der Lüfter für den Verdampfer im Innenraum aufgestellt ist. Auch wenn die Geräuschemission der Geräte immer besser wird, ist es vergleichbar mit den Lüftungsgeräuschen einer Klimaanlage. Schlafräume in der unmittelbaren Umgebung sind nicht zu empfehlen. Ebenso ist eine Geräuschdämmung des Heizraums sinnvoll.

Der Vorteil dieser **Monoblock-Ausführung** ist, dass deutlich weniger Platz in den Heizräumen benötigt wird. Wir müssen uns vor Augen halten, dass eine Wärmepumpeneinheit schnell die Größe eines mittelgroßen Kleiderschranks annehmen kann.

Abbildung 31 Monoblock Luft/Wasser-Wärmepumpe aroTHERM plus von vaillant

Der Nachteil der Außen-Aufstellung ist, dass die gesamte Elektrik der Witterung ausgesetzt ist. Zudem ist der Monoblock für viele wenig ästhetisch und nicht im Vorgarten gewünscht.

Die häufigste Ausführung ist daher die „klassische" Außen- und Inneneinheit.

Die Vorteile der Luft-Wärmepumpen sind vielfältig. Zunächst sind keine großen Bodenarbeiten notwendig. Lediglich die Ein- und Auslassrohre von der Innen- zur Außeneinheit müssen verlegt werden.

Dementsprechend sind die bürokratischen Hürden gering, bis nicht vorhanden. Es müssen lediglich die Abstandsregelungen (3 m zum Nachbargrundstück) eingehalten werden. Ihre Einfachheit und Flexibilität macht die Luft-Wasserwärmepumpe zum Universalgerät.

Ein Nachteil dieser Wärmepumpe sind die Lüftergeräusche der Außeneinheit. Vor allem bei anfänglichen Modellen war das monotone Brummen ein kaufentscheidendes Kriterium. Mittlerweile sind die Wärmepumpen deutlich leiser geworden. Sowohl durch ein überarbeitetes Lüfterdesign, als auch durch zusätzliche Geräuschdämmung sind die Geräuschemissionen weitestgehend zu vernachlässigen. Es gibt jedoch auch eine kleine Gruppe von Leuten, die diese monotonen, niederfrequenten Geräusche intensiver wahrnehmen. Falls man betroffen ist, gibt es von jedem Hersteller oftmals auch „Super-Silent"-Varianten, bei denen die Geräuschminimierung im Vordergrund steht.

Die gängigsten Wärmepumpen sind dabei in einem Bereich bis -20 °C einsatzfähig.

Bei diesen Temperaturen nimmt der COP-Wert der Luft-Wasser-Wärmepumpen jedoch stark ab, was uns zum größten Nachteil dieser Variante der Wärmepumpen führt.

Dadurch, dass die Wärmepumpen die Umgebungsluft als Energiequelle verwenden, sind die Wärmepumpen vor allem in Tagen, in denen die Außenluft unter den Gefrierpunkt fällt, **sehr ineffizient**. Die COP-Werte, die laut Herstellerangaben oftmals bei 5 oder höher liegen, fallen in den kalten Tagen auf teilweise unter 2 ab.

Die Jahresarbeitszahlen liegen deshalb bei Luft-Wasser-Wärmepumpen unter denen von Sole-Wasser- oder Wasser-Wasser-Wärmepumpen.

Gängige JAZ liegen bei 3 bis 4, wobei 4 schon ein sehr guter Wert ist.

Da es an kalten Tagen dazu kommen kann, dass der COP-Wert so weit fällt, dass nicht mehr genügend Wärme bereitgestellt werden kann, ist oftmals ein zusätzlicher **Notheizstab** verbaut. Dabei spricht man von einer **monoenergetischen Wärmepumpe**.

Wenn beispielsweise eine Wärmepumpe, mit einer maximalen elektrischen Leistung von 9 kW verbaut ist und eine Wärmeenergie von 20 kW benötigt wird, ist das bei einem COP von 3 bis 4 kein Problem. Dann kann die Wärmepumpe $3 \cdot 9\ kW = 27\ kW$ bereitstellen.

Wenn die Temperatur jedoch für einige Tage auf -15 °C fällt, arbeitet die Wärmepumpe im schlimmsten Fall mit einem COP von 2. Bei einer elektrischen Leistungsaufnahme von 9 kW, ergibt das jedoch nur 18 kW Wärmeleistung. Die zusätzlichen 2 kW würden in diesem Beispiel durch den Notheizstab bereitgestellt werden.

Alternativ wäre die Lösung, dass die Wärmepumpe überdimensioniert wird, beispielsweise auf 12 kW. Dann wäre kein Heizstab notwendig, jedoch wäre die Wärmepumpe für die restliche Zeit des Jahres vollkommen überdimensioniert. Wie wir im Kapitel der Auslegung von Wärmepumpen sehen werden, ist eine Überdimensionierung schädlich für die Lebensdauer der Wärmepumpe. Zudem steigen die Kosten.

Deshalb geht man häufig diesen Kompromiss ein, dass für den „Notfall" ein ineffizienter Heizstab verbaut wird.

Der Heizstab kommt jedoch maximal 5 % zum Einsatz. Das ist durch Normen (DIN EN 15450) geregelt. In der Realität wird der Heizstab bei korrekter Auslegung der Wärmepumpe nur an wenigen Tagen im Jahr überhaupt zugeschaltet. Beispielsweise, wenn die Außentemperaturen unter -10 °C fallen.

Als weiterer Nachteil tritt bei Luft-Wasser-Wärmepumpen ein physikalischer Effekt auf, der den Wirkungsgrad bzw. die Jahresarbeitszahl verschlechtert.

Wenn sich Luft abkühlt, kann sie weniger Wasser speichern. Um die Auswirkungen zu verstehen, schauen wir uns ein Beispiel an, welches jeder kennt.

Wenn ein Brillenträger im Winter spazieren geht, kühlt die Temperatur der Gläser bis knapp über die Außentemperatur herunter. Wenn man anschließend mit der kalten Brille wieder in einen beheizten Wohnraum eintritt, wird die warme, feuchte Raumluft an den kalten Brillengläsern abgekühlt. Dadurch kann die Luft weniger Wasser speichern. Das überschüssige Wasser setzt sich als Kondensat an der Brille ab, die Brille beschlägt. Das Gleiche gilt beim Lüften an Fensterscheiben oder im Winter bei Autoscheiben.

Auch bei Wärmepumpen ist dieser Effekt zu beobachten. Denn die Außeneinheit einer Luft-Wasser-Wärmepumpe entzieht der Umgebung Wärme und kühlt die Luft dabei ab. Das ist auch im Winter der Fall. Als Zahlenbeispiel kann die Außenluft vor dem Verdampfer der Wärmepumpe bei -2 °C liegen, danach bei -8 °C. Das ist nur direkt hinter der Verdampfereinheit der Fall, da sich die abgekühlte Luft sofort wieder mit der restlichen Umgebungsluft von -2 °C vermischt.

Doch für die kurze Zeit, unmittelbar an der Verdampfereinheit, wird die Luft abgekühlt und kann deshalb weniger Wasser speichern. Das überschüssige Wasser kondensiert an den Lamellen der Wärmepumpeneinheit. Da die Außentemperatur unter dem Gefrierpunkt liegt, gefriert das Wasser und vereist die gesamte Einheit.

Die Wärmepumpe funktioniert weiterhin, jedoch ist Eis ein schlechter Wärmeleiter, das bedeutet, dass die Wärmepumpe weniger Umgebungswärme aufnehmen kann. Dadurch sinkt der COP deutlich. Um das zu vermeiden, werden bei Wärmepumpen im Winter **Auftauzyklen** gefahren. Dabei misst die Wärmepumpe, wie gut die Wärmeaufnahme aus der Umgebung gelingt. Wenn die Aufnahme abnimmt, weiß die Wärmepumpe, dass die Außeneinheit vereist ist. Durch einen kurzen Zyklus wird die Funktion der Wärmepumpe umgeschaltet und die Lamellen aufgeheizt. Dadurch schmilzt das Eis und das Wasser kann abtropfen. Diese **Abtaufunktion** benötigt selbstverständlich Energie, was ebenfalls den COP der Wärmepumpe kurzzeitig verschlechtert. Dennoch ist das „investieren" der Heizenergie sinnvoll, damit die Wärmepumpe anschließend wieder eisfrei und damit effizienter arbeiten kann. Ein Auftauvorgang dauert einige Minuten und findet je nach Vereisungsgrad der Außeneinheit mehr oder weniger häufig statt.

Ein genereller Nachteil von Wärmepumpen ist, dass die JAZ mit steigender Vorlauftemperatur abnimmt. Vor allem bei der Luft-Wasser-Wärmepumpe wirkt sich das zusätzlich negativ aus.

Um eine Luft-Wasser-Wärmepumpe effizient betreiben zu können, muss die Vorlauftemperatur des Wasserspeichers entsprechend niedrig (häufig 35 – 40 °C) eingestellt sein. Damit das Gebäude bei diesen geringen Vorlauftemperaturen effizient beheizt werden kann, muss eine Flächenheizung verbaut sein.

Die gängigste Flächenheizung ist die Fußbodenheizung. Das bedeutet jedoch auch, dass die Luft-Wasser-Wärmepumpe für Altbauten, ohne Fußbodenheizung nur bedingt geeignet ist. Denn die Heizsysteme in Altbauten benötigen häufig Vorlauftemperaturen von 60 – 80 °C.

Realistische JAZ liegen bei Vorlauftemperaturen von über 60 °C im Bereich von **2,5 oder schlechter**. Damit ist der energetische Wirkungsgrad zwar immer noch akzeptabel, jedoch rentiert sich die Umrüstung wirtschaftlich meist nicht.

Wir werden jedoch noch bei den Fallbeispielen sehen, dass auch bei Altbauten eine Wärmepumpe mit leichten Mitteln wirtschaftlich betrieben werden kann.

Die Luft-Wasser-Wärmepumpe ist aufgrund der fehlenden Bodenarbeiten im Vergleich zu den vorherigen Wärmepumpenausführungen deutlich günstiger.

In Neubauten sind Luft-Wasserwärmepumpen jedoch das meist verbaute Heizsystem. Mit der heutzutage fast standardmäßig verbauten Fußbodenheizung kann die Wärmepumpe effizient betrieben werden, sodass JAZ von 3,5 bis

4 realistisch sind. Das ergaben Messungen und Befragungen von Bestandsimmobilien.

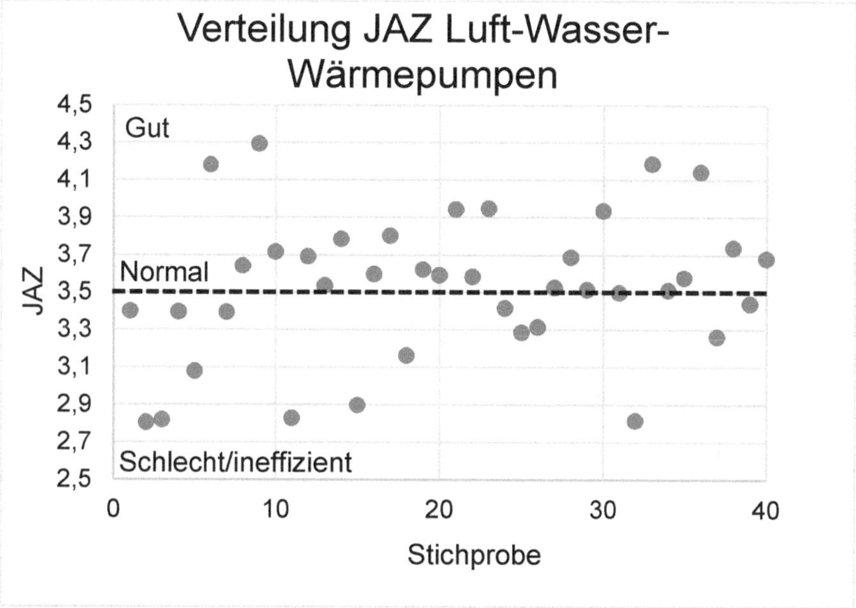

Abbildung 32 Verteilung der JAZ von Luft-Wasser-Wärmepumpen in Wohngebäuden

Ein weiterer Grund für die Beliebtheit der Wärmepumpen sind die relativ günstigen Anschaffungskosten.

Günstige Wärmepumpen beginnen bei unter 10.000 € und damit nach Förderungen bereits im Bereich einer neuen Gastherme.

Die meisten Wärmepumpensysteme liegen jedoch noch etwas darüber, im Bereich von 8.000 bis 12.000 €. Für ein Gesamtsystem inklusive Installation liegt man dabei schnell bei 15.000 bis 20.000 €.

4.4 Brauchwasser-Wärmepumpe

Eine Brauchwasser-Wärmepumpe besteht im Kern ebenfalls aus einer Luft-Wasser-Wärmepumpe. Jedoch wird die Wärmepumpe, wie es der Name schon vermuten lässt, zur Erwärmung des Brauch- bzw. Trinkwassers verwendet. Eine Brauchwasser-Wärmepumpe benötigt jedoch im Gegensatz zu einer Luft-Wasser-Wärmepumpe zur Heizungserzeugung keine Außeneinheit. Die Brauchwasser-Wärmepumpe wird im Heizungsraum verbaut, wo es in der Regel ausreichend Abwärme, beispielsweise von der Zentralheizung, vorhanden ist.

Eine Brauchwasser-Wärmepumpe verwendet die (Ab-) Wärme des Raums, indem sie aufgestellt ist, um das Brauchwasser zu erwärmen.

Da der Raum durch die Brauchwasser-Wärmepumpe abgekühlt wird, kann eine Brauchwasser-Wärmepumpe auch zum Kühlen des Raums, beispielsweise eines Vorratsraumes oder einen Weinkeller, verwendet werden.

Dadurch, dass die Brauchwasser-Wärmepumpe die relativ warme Umgebungsluft des Raumes verwendet, sind JAZ im Bereich 2,5 bis 3 möglich.

Um die JAZ weiter zu erhöhen, können zusätzliche Lüftungsrohre verlegt werden. So kann die Wärmepumpe die warme Luft aus dem Heiz- oder Wäscheraum ansaugen und die abgekühlte Luft in den Vorratsraum oder im Sommer auch in die restlichen Gebäudezimmer abgeben. Dabei muss darauf geachtet werden, dass ein Druckausgleich in den Zimmern stattfinden kann.

Ein weiterer Vorteil einer Brauchwasser-Wärmepumpe ist, das Entfeuchten der Luft. Dadurch, dass die Temperatur abgesenkt wird, kondensiert ein Teil des Wassers und die Raumluft wird entfeuchtet. Vor allem in feuchten Wäscheräumen kann dieser Vorteil genutzt werden.

Abbildung 33 Brauchwasserwärmepumpe von Vaillant

Eine Brauchwasser-Wärmepumpe wird häufig als Monoblock mit einem integrierten Warmwasserspeicher hergestellt.

Das Brauchwasser benötigt im Jahresverlauf gesehen jedoch einen relativ kleinen Anteil der Wärmeenergie, im Vergleich zum Heizenergiebedarf des Gebäudes. Bei Altbauten liegt der Warmwasserbedarf bei lediglich 10 % des Gesamtbedarfs. Bei gut gedämmten Neubauten hingegen nimmt die Brauchwasserbereitung circa die Hälfte der Wärmeenergie in Anspruch.

Dementsprechend klein und damit auch günstig kann eine Brauchwasserwärmepumpe ausfallen. Eine Brauchwasser-Wärmepumpe liegt mit einem durchschnittlichen Pufferspeicher (100 – 200 l) bei 3000 bis 5000 €. Auch die Installation ist vergleichsweise einfach und günstig. Kleine Modelle können an eine herkömmliche Schuko-Steckdose angeschlossen werden.

Oftmals ist es jedoch sinnvoller, eine leistungsstärkere Wärmepumpe für Aufbereitung des Warm- und Heizwassers zu verwenden, anstatt zwei getrennte Geräte. Dennoch kann eine Brauchwasserwärmepumpe durch ihre Einfachheit in vielen Anwendungen sinnvoll sein.

4.5 Luft-Luft-Wärmepumpe

Bei einer **Luft-Luft-Wärmepumpe** (LLWP) handelt es sich vereinfacht ausgedrückt um eine Klimaanlage mit Heizfunktion. Sowohl optisch als auch technisch ähneln sie sich stark.

Wie der Name schon andeutet, werden Luft-Luft-Wärmepumpen nicht zur Aufbereitung des Heiz- und Brauchwassers verwendet, sondern heizen direkt die Raumluft. Im Ablauf arbeitet eine Luft-Luft-Wärmepumpe, wie eine Luft-Wasser-Wärmepumpe.

Luft-Luft-Wärmepumpen haben den Vorteil, dass sie dezentral eingesetzt werden können, beispielsweise wenn nur einzelne Bereiche des Hauses beheizt werden sollen. Wenn eine Luft-Luft-Wärmepumpe als zentrales Heizsystem verwendet werden soll, muss das Wohngebäude entsprechend ein Lüftungssystem besitzen.

Häufig kommt die Idee auf, dass man Luft-Luft-Wärmepumpen in Altbauten verwenden kann. Diese besitzen, je nach Baujahr, kein zentrales Heizsystem, wie eine Öl- oder Gasheizung, sondern arbeiten mit Durchlauferhitzern oder Ähnlichem.

Das Nachrüsten eines zentralen Heizsystems ist jedoch mit enormen Kosten verbunden. Daher ist häufig die Überlegung stattdessen eine oder mehrere Luft-Luft-Wärmepumpen zu verbauen.

Auf den ersten Blick klingt diese Idee nicht abwegig, jedoch sind Luft-Luft-Wärmepumpen nur für kleine Lasten ausgelegt. In einem ungedämmten Altbau ein einzelnes Zimmer konstant warmzuhalten, fällt den meisten Luft-Luft-Wärmepumpen bereits schwer. Zudem arbeiten sie, je nach Bedingungen, ähnlich variabel wie Luft-Wasser-Wärmepumpen.

Luft-Luft-Wärmepumpen können zur Wärmeversorgung von sanierten Wohngebäuden, Neubauten oder Passivhäusern verwendet werden.

In Neubauten ist beispielsweise für die Verwendung von Luft-Luft-Wärmepumpen bereits ein zentrales Lüftungssystem integriert, welches über ein **Wärmerückgewinnungssystem** verfügt. Die Frischluft wird angesaugt, erhitzt und anschließend durch verschiedene Luftrohre im Haus verteilt.

Dabei wird die Wärme der Abluft verwendet, um die kalte Frischluft zu erwärmen. Mithilfe eines **Plattenwärmetauschers** können dadurch die JAZ von Luft-Luft-Wärmepumpen deutlich erhöht werden. Dadurch sind JAZ von **2,5** zu erreichen. Moderne Geräte, bei denen die Heizfunktion im Vordergrund steht, können JAZ von bis zu **4,5** erreichen.

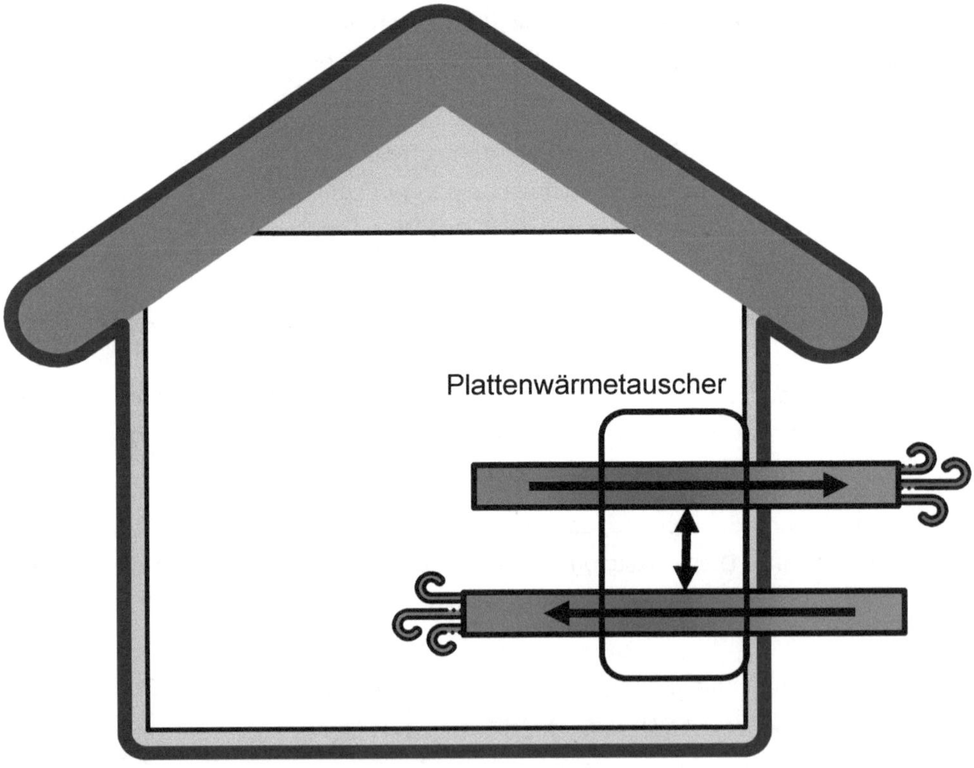

Abbildung 34 Funktionsweise eines Plattenwärmetauschers

Für Altbauten mit ohne zentrales Heizungssystem sind Luft-Luft-Wärmepumpen fast ausnahmslos ungeeignet. Das liegt auch daran, dass eine Luft-Luft-Wärmepumpe eine dichte Gebäudehülle voraussetzt. In Neubauten ist das energetischer Standard, bei Altbauten ist das nur mit einem erheblichen Aufwand zu gewährleisten.

Die Ausnahme bildet der Einsatz einer Luft-Luft-Wärmepumpe als Heizungsunterstützung oder als Raumheizung, um z. B. den Gasbedarf zu reduzieren. Seit der Energiekrise Q1/2022 erfahren die Luft-Luft-Wärmepumpen daher enorme Beliebtheit, denn sie bieten eine kostengünstige Möglichkeit den fossilen Heizanteil eines Gebäudes zu reduzieren.

Bei der Ausführung von Luft-Luft-Wärmepumpen gibt es wiederum Split-Systeme mit einer Außen- und einer oder mehrerer Inneneinheiten oder einem Monoblock. Dieser arbeitet wie die meisten Klimageräte und tauscht die Luft durch Zu- und Abluftrohre aus.

Luft-Luft-Wärmepumpen sind vergleichbar günstig. Kleine Luft-Luft-Wärmepumpen beginnen preislich bei 1.000 €. Dabei handelt es sich jedoch um eine verbesserte Klimaanlage mit Heizfunktion, welche zum Beheizen einzelner Räume verwendet werden kann. Der Preis einer leistungsstarken Luft-Luft-Wärmepumpe, die für eine zentrale Warmluft-Versorgung verwendet wird, liegt preislich jedoch in die Nähe einer Luft-Wasser-Wärmepumpe, sprich 10.000 € und mehr.

Die Effizienz von Luft-Luft-Wärmepumpen kann mithilfe eines **Luftbrunnens** verbessert werden. Dabei wird das Zuluftrohr der Wärmepumpe ins Erdreich in eine Tiefe von circa drei Meter verlegt. Die Außenluft wird durch das Erdreich hindurch angesaugt, sodass sie sich im Winter erwärmen kann. Zudem wird die Luft gefiltert und entfeuchtet, was für Allergiker hilfreich ist. Ein Luft-Brunnen ist jedoch mit Erdarbeiten verbunden, die Kosten liegen im Bereich von 10.000 bis 20.000 €. Daher ist er in der Regel nicht rentabel.

Luft-Luft-Wärmepumpen waren nicht sehr weit verbreitet. Ein Grund dafür war in der Vergangenheit die niedrigen JAZ von 2,5-3. Ein weiterer Grund ist, dass man zusätzlich ein weiteres Gerät für die Warmwasseraufbereitung benötigt. Es ist häufig sinnvoller, eine 2-in-1 Wärmepumpe für Heiz- und Brauchwasser zu verwenden, anstatt eine Luft-Luft-Wärmepumpe und zusätzlich eine Luft-Wasser-Wärmepumpe für das Brauchwasser.

Ausnahmen bilden hier wieder Hocheffizienzhäuser, die einen absolut gesehen geringen Energiebedarf aufweisen und in denen kein wassergeführtes Heizsystem erwünscht ist. In Neubauten ist zudem bereits häufig ein zentrales Lüftungssystem vorgesehen. Hier kann man überlegen, ob es sinnvoll ist, direkt ein Heizsystem einzuplanen, um sich das wassergeführte Heizsystem zu sparen.

Sowohl die Luft-Wasser-Wärmepumpe, als auch die Luft-Luft-Wärmepumpe arbeiten mit Außenluft. Deshalb sinkt, vor allem im Winter, die Effizienz enorm. Abhilfe kann hier ein zweites Heizsystem bieten, welches die Wärmepumpe in den kalten Wintermonaten unterstützen kann. Diese schauen wir uns anschließend einmal genauer an.

4.6 Hybrid-Heizsysteme

Bei einem **Hybrid-Heizsystem** wird sowohl eine Wärmepumpe als auch eine zweite Wärmeerzeugungseinheit, häufig eine Gastherme eingesetzt.

Dabei spricht man auch vom **bivalenten Betrieb** einer Wärmepumpe. Analog dazu, wird eine Wärmepumpe allein betrieben, spricht man vom **monovalenten Betrieb**.

Der Vorteil eines solchen Kombi-Systems ist, dass es relativ leicht nachzurüsten ist. Wenn beispielsweise bereits eine Gastherme vorhanden ist, kann eine Wärmepumpe im gleichen Heizkreislauf angeschlossen werden. Dabei kann jede der bereits besprochenen Arten von Wärmepumpen verwendet werden. Häufig werden jedoch auch hier Luft-Wasser-Wärmepumpen eingesetzt.

Einige Hersteller bieten dafür bereits 2-in-1 Systeme an. Diese liegen im Bereich von 8.000 € bis 15.000 € und sind damit verhältnismäßig günstig.

Bei diesem Hybrid-System übernimmt die Wärmepumpe in den Übergangsmonaten die Grund- und Heizlast. Sie arbeitet effizient und günstig. Dadurch, dass die Wärmepumpe in den Wintermonaten von der Gastherme unterstützt wird, kann sie auch deutlich kleiner und damit auch günstiger dimensioniert werden. Die Kostenersparnis eines kleinen Modells ist jedoch meistens kein valider Grund für ein Hybrid-System. Große Kostenblöcke, wie zum Beispiel die Montage, bleiben gleich. Die Kostenersparnis liegt real im Bereich von 10 bis 20 %.

Der größte Vorteil ist, dass man mit einer Kombination, beispielsweise aus Wärmepumpe und Gastherme, keine Umrüstung des Heizsystems vornehmen muss. Wir haben bereits gesehen, dass Wärmepumpen nur bis Vorlauftemperaturen von ungefähr 40 °C effizient arbeiten.

Für einen Altbau, ohne Fußbodenheizung, reicht die Vorlauftemperatur nicht aus. Hier kann die Gastherme das Heizwasser zusätzlich um 20 °C erwärmen, sodass herkömmliche Heizkörper verwendet werden können.

Theoretisch sind auch Hybrid-Systeme mit einer Ölheizung oder einem Pelletofen möglich, in der Praxis sind diese jedoch nur selten vertreten.

Realisiert wird eine Hybridheizung mithilfe einer intelligenten Steuerung, einem sogenannten **Hybrid-Manager**. Dieser entscheidet, wann es unwirtschaftlich ist, die Wärmepumpe zu betreiben und es daher sinnvoll ist, den Gastbrennwertkessel zuzuschalten. Entweder wird die Wärmepumpe vollständig ersetzt (alternativer Betrieb) oder sie läuft gleichzeitig zur Gastherme (paralleler Betrieb).

Das kann in den Wintertagen, aber auch bei Spitzenlasten sein, beispielsweise wenn mehrere Bewohner eines Wohngebäudes gleichzeitig große Mengen Warmwasser für eine Dusche benötigen. Bei diesen Lasten würde der COP-Wert der Wärmepumpe gravierend sinken, die Gasbrennwerttherme kann unterstützend zugeschaltet werden.

Nachteil eines Hybridsystems ist, dass zusätzlich ein anderes Heizsystem benötigt wird. In einem Neubau oder beim Ausfall des alten Heizsystems ergibt der Einsatz einer Hybridheizung daher in der Regel keinen Sinn.

Wenn eine funktionierende Heizung entlastet werden soll, kann eine Wärmepumpe parallel zum bestehenden Heizsystem geschaltet werden. Die einfachste Realisierung ist der Einbau einer zusätzlichen Luft-Luft-Wärmepumpe („Klimaanlage"), um z. B. das Wohnzimmer zu erwärmen und die bestehende Gas- oder Ölheizung zu entlasten.

Zudem werden immer häufiger Klimageräte zur reinen Kühlung verbaut. Beim Kauf einer Klimaanlage ist es sinnvoll ein Gerät zu kaufen, welches zusätzlich über eine effiziente Heizfunktion verfügt. Diese sind meist nicht wesentlich teurer als Geräte ohne Heizfunktion. Der Aufpreis liegt im Bereich von 20–40 %.

Bei der Anschaffung einer neuen Heizungsanlage sind Hybridsysteme meist nicht sinnvoll. Es entstehen weiterhin Kosten für den Brennstoff, der je nach Rohstoffpreis, auch im Winter bei niedrigen Arbeitszahlen (COP < 3) über dem Strompreis einer Wärmepumpe liegt. Dabei bleibt der Einsatz einer Photovoltaikanlage noch unbeachtet. Wenn wir diese einbeziehen, ist eine strombetriebene Wärmepumpe auch bei „miserablen" COPs noch günstiger als Energie aus fossilen Rohstoffen zu beziehen. Wenn, zum Beispiel bei einem Neubau, noch kein Gasanschluss vorhanden ist, müssen zudem 2000 € oder mehr einberechnetwerden.

Zusätzliche Kosten, wie die Wartung oder Kosten für den Schornsteinfeger dürfen bei einer Kalkulation ebenfalls nicht vernachlässigt werden.

Außerdem bleibt auch hier die Abhängigkeit von Erdgas und dem zentralen Energieversorger bestehen. Das ausgestoßene CO_2 wird zukünftig ebenfalls die Wirtschaftlichkeit der Gastherme und damit des gesamten Hybridsystems weiter verschlechtern.

Insgesamt ergibt die Anschaffung einer Hybridheizung Sinn, wenn man die bestehende Gasbrennwerttherme in einem Altbau entlasten möchte, ohne das Heizsystem auf eine Flächenheizung umzurüsten. In allen anderen Fällen ist eine Hybridlösung meistens nicht die optimale Wahl.

Dennoch kann die Anschaffung einer Hybridheizung wirtschaftlich sein, weil dadurch einige Vorgaben für eine Förderfähigkeit und damit Einsparungen von bis zu 45 % möglich sind. Unter welchen Bedingungen das der Fall ist, werden wir bei Auslegung der Wärmepumpe und den Anforderungen für eine Förderung sehen.

Eine weitere Hybridheizung ist ein Gasbrennwertkessel in Kombination mit **Solarthermieanlagen**. Eine Solarthermieanlage ist ein Sonnenkollektor, der äußerlich einem Photovoltaikmodul ähnelt. In den Kollektoren wird ein Kältemittel erhitzt und die Wärme direkt in einen Warmwasser-Pufferspeicher eingespeist.

Abbildung 35 Solar-Röhrenkollektoren zur Warmwassergewinnung

Solarthermieanlagen sind jedoch ohne Förderung kaum wirtschaftlich und wurden in den letzten 20 Jahren fast ausnahmslos von Photovoltaikmodulen verdrängt. Beim Einbau eines neuen Gasbrennwertkessels ist jedoch gesetzlich geregelt, dass eine Förderung nur auf Hybridsysteme möglich ist.

Daher werden ein bis zwei Solarthermieanlagen als Lösung verbaut, um dennoch eine Förderung auf einen Gasbrennwertkessel zu erlangen. Sowohl wirtschaftlich als auch umwelttechnisch ist diese Kombination weitestgehend unsinnig, weshalb im Rahmen dieses Ratgebers nicht weiter auf diese Art der Hybridheizung eingegangen wird.

Neben den Hybrid-Wärmepumpen werden auch einige besondere Wärmepumpen eingesetzt.

Neben den genannten Wärmepumpentypen werden auch **Hochtemperaturwärmepumpen** hergestellt. Diese können Vorlauftemperaturen von 70 - 80° C erreichen. Realisiert wird das, indem zwei Wärmepumpen hintereinandergeschaltet werden. Die Vorlauftemperatur der ersten Stufe bildet die Eingangstemperatur der zweiten Stufe. Dieses Prinzip geht mit enormen Senkungen der Effizienz einher. Schließlich müssen zwei Kompressoren betrieben werden. Für Wohngebäude sind Hochtemperaturwärmepumpen fast ausnahmslos ungeeignet.

4.7 Gegenüberstellung der Wärmepumpentypen

Zusammenfassend können wir festhalten, dass vor allem die Grundwasser-Wasser-Wärmepumpe und die Sole-Wasser-Wärmepumpe sehr effizient arbeiten können. Wann immer es möglich ist, sollte man diesen Wärmepumpentyp verbauen. Auch wenn die Investitionskosten höher sind, amortisiert sich die Investition in der Regel durch den höheren COP bzw. der höheren JAZ innerhalb der Lebensdauer.

Ausführung	Effizienz	Kosten ohne Förderung und Installation	Vorteile	Nachteile
Sole-Wasser	Gut JAZ bis 5 Ø circa 4	Mittel bis Hoch 10.000 - 15.000 €	- gute JAZ	- Erdarbeiten - Bodenanalyse - schwere Wartung
Grundwasser	Sehr gut JAZ bis 6 Ø circa 4,5	Mittel 7.000 - 17.000 €	- sehr gute JAZ - geringer Platzbedarf	- Bürokratie - Probebohrung - Grundwasseranalyse notwendig - Risiko von Wasserschwund
Luft-Wasser	Gut JAZ bis 4,5 Ø circa 3,5	Gering bis Mittel 5.000 - 12.000 €	- geringer Platzbedarf - universell einsetzbar - leichte Wartung	- JAZ im Winter schlecht - Geräuschemission
Luft-Luft	Mittel JAZ bis 4,5 (Hybridbetrieb) Ø circa 3	Gering Ab 1.000 € (Einzelgerät)	-günstig - dezentrale Heizung -Perfekt als Heizungsunterstützung / als Raumheizung	- nur für gedämmte Häuser - zusätzliche Heizung für Brauchwasser benötigt - zusätzliches Lüftungssystem notwendig
Hybridlösung Gas+WP	Gut	Gering bis Mittel 7.000 - 15.000 €	- nachrüstbar im Altbau - Gute Effizienz	- meist nicht wirtschaftlich - nicht CO2-neutral - zusätzliche Technik notwendig

Oftmals ist in dicht besiedelten Neubaugebieten, aber auch in Städten, kein Platz für eine Sole-Wasser-Wärmepumpe vorhanden. Auch Grundwasser ist oftmals nicht verfügbar. Deshalb werden vermehrt Luft-Wasser-Wärmepumpen eingesetzt, obwohl diese energetisch die schlechteste Wahl ist. Das bedeutet zwar nicht, dass sich eine Luft-Wasser-Wärmepumpe nicht auszahlt, aber falls möglich sollten wir eine Sole-Wasser- oder Wasser-Wasser-Wärmepumpe bevorzugen.

Hybridsysteme sowie Luft-Luft-Wärmepumpen sollten nur in speziellen Ausnahmefällen eingesetzt werden.

Bei allen Wärmepumpen gilt jedoch, dass sie ein Mindestmaß an Qualität erfüllen müssen. Denn eine Wärmepumpe ist sowohl wirtschaftlich als auch ökologisch nur sinnvoll, wenn die Qualität und Langlebigkeit zufriedenstellend sind. Der Europäische Wärmepumpen Verband, **EHPA** (European heat pump association) prüft regelmäßig Wärmepumpen auf deren Qualität. Der unabhängige Verband bringt regelmäßige Rankings heraus. Hersteller können ihre Wärmepumpen testen lassen, um das EHPA-Siegel zu erhalten. Das EHPA-Siegel ist ein Zeichen, dass es die Wärmepumpe ein Mindestmaß an Qualität erfüllt. Beispielsweise, dass der COP über 3,1 liegt (bei Luft-Wärmepumpen). Die genauen Testbedingungen können wir unter https://www.ehpa.org/ nachlesen.

Abbildung 36 Gütesiegel des Europäischen Wärmepumpen Verbandes

Der Bundesverband der Wärmepumpen e. V. übersetzt die Neuerungen regelmäßig. Auch dort können wir alle Informationen bezüglich des Gütesiegels finden. https://www.waermepumpe.de/

4.8 Pufferspeicher und Legionellen

Unabhängig von der Wärmepumpenausführung kann, wie bei einer konventionellen Heizung auch, ein Pufferspeicher eingesetzt werden. Sowohl für den Heizwasserkreislauf als auch selbstverständlich für den Trinkwasserspeicher. Wenn beides in einem Gerät gespeichert wird, nennt man den Speicher einen **Kombi-Speicher**.

Einige Pufferspeicher sind zudem als **Schichten-Pufferspeicher** aufgebaut. Dabei hat das Wasser innerhalb des großen Pufferspeichers nicht dieselbe Temperatur, sondern verschiedene Temperaturschichten. Im oberen Bereich, der **oberen-Schicht**, des Schichten-Pufferspeichers, ist das Wasser auf vergleichsweise hohe Temperaturen im Bereich von 45 bis 50 °C erhitzt. Im **unterenBereich** wird kälteres Wasser bis zu 20 °C gespeichert. Der obere Teil mit dem warmen Wasser wird als Brauchwasser, zum Duschen oder Baden, verwendet. Der untere Teil kann zum Heizen verwendet werden.

Theoretisch muss kein Pufferspeicher für das Heizwasser, in Kombination mit einer Wärmepumpe eingebaut werden. Dennoch wird häufig ein moderater Pufferspeicher eingesetzt. Denn der Pufferspeicher bietet einige Vorteile.

Ein Pufferspeicher kann große Mengen an Wärme speichern, dadurch muss die Wärmepumpe länger am Stück laufen und nicht so häufig ein- und ausschalten. Wie wir noch sehen werden, wirkt sich das positiv auf die Jahresarbeitszahl und die Lebensdauer aus.

Da ein Pufferspeicher jedoch immer mit Wärmeverlusten durch Abwärme und die Leitungen behaftet ist, empfiehlt es sich, den Pufferspeicher nicht übermäßig groß zu dimensionieren. Wenn eine Fußbodenheizung vorhanden ist, kann der Pufferspeicher noch einmal kleiner gewählt werden, da eine Fußbodenheizung bereits große Mengen an Wasser beinhaltet und damit ebenfalls als Pufferspeicher dienen kann.

In Neubauten, welche einen geringen Wärmebedarf benötigen, reicht ein 40 - 60 l Pufferspeicher aus. Mehr als einen 100 l Pufferspeicher für das Heizwasser des Neubaus ergibt in der Regel keinen Sinn.

Der Pufferspeicher für den Heizkreislauf mildert auch einen weiteren physikalischen Effekt ab, den **Nachlauf der Wärmepumpe**. Wenn die Temperatur in den beheizten Räumen die Wunschtemperatur erreicht hat, schaltet die Wärmepumpe nicht schlagartig ab. Das gasförmige Kältemittel innerhalb des Kältemittelkreislaufes besitzt noch Energie, welche es abgeben wird. Wenn kein Wärmespeicher vorhanden ist, kann es dazu kommen, dass über die Zieltemperatur hinaus geheizt wird. Dieser Effekt hängt von der Leistung der Wärmepumpe sowie der Masse des Heizwassers ab.

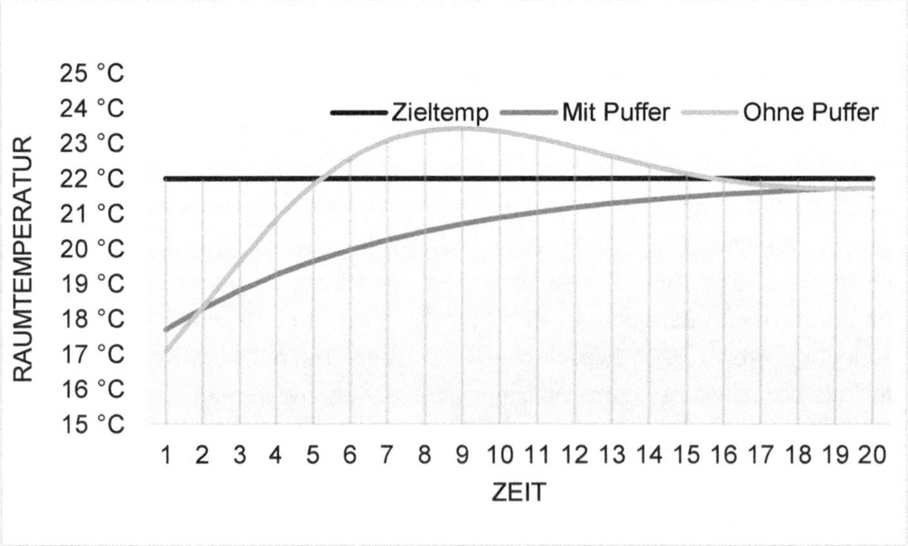

Abbildung 37 Nachlauf der Wärmepumpe mit und ohne Pufferspeicher

Die Auslegung des Brauch-/ Trinkwasserspeichers richtet sich nach den persönlichen Bedürfnissen. Er sollte mindestens eine Badewannenfüllung beinhalten. Wenn im Haus mehrere Duschen oder Badewannen gleichzeitig befüllt werden sollen, entsprechend mehr. Je größer ein Speicher ist, umso mehr Stellplatz wird benötigt.

Bei der Auslegung des Trinkwasserspeichers muss zudem die Hygiene sichergestellt werden. So darf die Temperatur des Wassers nur reduziert werden, wenn das Wasser alle drei Tage vollständig aufgebraucht wird. Das dient dazu, dass sich bei niedrigeren Temperaturen von beispielsweise 40 °C keine Keime bilden können.

Dem ein oder anderen ist sicherlich bereits der Begriff **Legionellen** zu Ohren gekommen.

Legionellen sind Bakterien, die im Trinkwasser vorkommen. Kleine Mengen sind dabei vollkommen unbedenklich. Jedoch kann es unter bestimmten Umständen dazu kommen, dass sich die Bakterien über ein ungesundes Maß hinaus vermehren können. Dafür sind Umgebungstemperaturen von **25 bis 50 °C** und **stehendes Wasser**, wie es in einem Warmwasserspeicher der Fall ist, optimal.

In konventionellen Heizsystemen werden die Legionellen bei Temperaturen von über 60 °C abgetötet. Beim Einsatz von Wärmepumpen ist das jedoch nicht der Fall. Hier beträgt die Heiztemperatur des Brauchwasserkreislaufes in der Regel 45 °C. Das ist jedoch die optimale Temperatur, damit sich die Bakterien vermehren können. Wenn die Legionellen-Belastung im Trinkwasser zu sehr ansteigt, können die Bakterien Krankheiten auslösen. Darunter das sogenannte Pontiac Fieber oder eine schwere Lungenentzündung. 15.000 bis 30.000 Bürger erkranken allein in Deutschland jedes Jahr an Krankheiten, welche durch zu hohe Legionellen-Belastungen im Trinkwasser ausgelöst werden. Dabei ist die Beseitigung von Legionellen relativ simpel.

Die einfachste Methode, ist das Trink- bzw. Brauchwasser einmal täglich oder wöchentlich über 60 °C zu erhitzen und die Legionellen dadurch abzutöten. Diese Methode wird als thermische Desinfektion bezeichnet. Wärmepumpen besitzen eine automatische Legionellenschaltung, die das Trinkwasser einmal wöchentlich über den kritischen Wert von 60 °C erhitzt.

In der Regel ist das bei normal großen Trinkwasserspeichern nicht notwendig, da diese alle zwei bis drei Tage vollkommen entleert werden und sich Legionellen nur in stehendem Wasser vermehren.

Der Nachteil dieser Methode ist, dass sich ab 50 °C der Kalk aus dem Wasser ausflockt und dadurch die Gerätschaften und Rohre verkalken. Zudem haben wir bereits gesehen, dass das Aufheizen auf über 60 °C mit einer gewöhnlichen Wärmepumpe äußerst ineffizient ist.

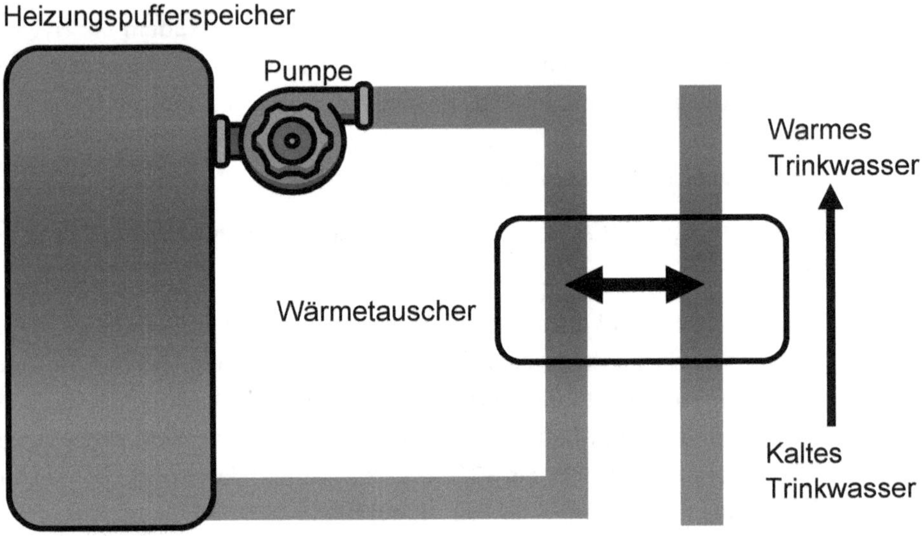

Abbildung 38 Trinkwasserstation

Eine Alternative bieten Trinkwasserstationen, dabei wird Warmwasser nur im Heizwasserkreislauf gespeichert. Dort vermehren sich die Legionellen. Das ist jedoch unbedenklich, da das Heizwasser niemals mit dem Brauchwasser in Kontakt kommen wird. Anstatt eines Trinkwasserspeichers wird bei einer Trinkwasserstation das Trinkwasser bei Bedarf erhitzt. Dafür wird das Trinkwasser an einem Wärmetauscher vorbeigeführt, welcher das durchlaufende Trinkwasser, wie eine Art Durchlauferhitzer aufheizt.

Das Prinzip eines Wärmetauschers haben wir bereits bei der Funktionsweise einer Wärmepumpe, im Kapitel 3.6 „Elektronik und Wärmetauscher", näher kennengelernt.

Bei der Erwärmung des Trinkwassers werden dabei oftmals Plattenwärmetauscher eingesetzt. Dabei werden die beiden Wasserleitungen abwechselnd auf abgedichtete Platten gegeben. Dadurch kann die Wärme bestmöglich übertragen werden.

Abbildung 39 Ausführung eines Wärmetauschers zur Trinkwassergewinnung

Das Heizwasser wird aktiv mit einer Pumpe zum Wärmetauscher gepumpt. Dadurch wird die Wärme abgegeben, ohne dass Legionellen ins Trinkwasser gelangen können. Es sind niemals große Mengen an Trinkwasser vorhanden und ein Legionellen-Befall ist ausgeschlossen.

In der Regel ist das Verbrauchen des Trinkwasserspeichers innerhalb weniger Tage realistisch, jedoch müssen, je nach individueller Puffergröße, Hygienestandards eingehalten werden.

Um den Druck im Heizwasserkreislauf konstant zu halten, wird zudem ein zusätzliches **Ausdehnungsgefäß** oder ein Druckausgleichsbehälter eingebaut. Dabei handelt es sich um ein Gefäß, welches Volumenänderungen des Heizwassers ausgleicht. Ansonsten würde mit der Temperatur des Heizwassers auch der Druck steigen.

Damit sind wir am Ende der theoretischen Betrachtungen angekommen. Mittlerweile wissen wir, wie eine Wärmepumpe funktioniert und welche Varianten es gibt. Da das Heizsystem eines Gebäudes von vielen Faktoren abhängt, muss die Heizung individuell ausgelegt werden. Deshalb schauen wir uns im nächsten Kapitel an, wie man konkret den Energiebedarf des Hauses berechnet, wie man eine passende Wärmepumpe auswählt und was es beim Kauf der verschiedenen Wärmepumpen zu beachten gibt.

5 Auslegung und Wirtschaftlichkeit

Zunächst muss der Heizbedarf des Wohngebäudes berechnet werden. Die wichtigsten Kenngrößen sind dabei der bisherige **Primärenergiebedarf pro Jahr**, angegeben in kWh und der **Primärenergiebedarf pro Quadratmeter und pro Jahr**. Außerdem ist die maximale **Heizleistung in kW** ausschlaggebend.

5.1 Heizbedarf und Heizleistung berechnen

Für den gesamten Energiebedarf reicht ein Blick in die Abrechnung des Gasanbieters oder der jährlichen Ölrechnung bzw. des Ölzählers. Dort steht in der Regel der Preis pro kWh sowie der Gesamtenergiebedarf beschrieben. Falls nur die Menge an Heizöl oder Gas zu finden ist, kann die Menge in kWh umgerechnet werden.

Die Faustformel lautet: 1 Kubikmeter Gas beinhaltet eine Energie von ungefähr 10 kWh.

In der Realität hängt der genaue Wert von der **Zustandszahl des Gases** ab. Den genauen Umrechnungsfaktor können wir vom Gasanbieter abfragen. In der Regel steht der gesamte Heizbedarf bereits in der Gasrechnung.

Ein Einfamilienhaus, welches im Jahr 2010 erbaut wurde und 150 m^2 Wohnfläche besitzt, benötigt jährlich einen Gasbedarf von 1500 m^3.

Das entspricht circa 15.000 kWh. Pro Quadratmeter ergibt sich 100 .$\frac{\text{kWh}}{\text{m}^2\text{a}}$

Für Öl gilt analog eine Faustformel, dass 1 l Heizöl ebenfalls ungefähr 10 kWh enthält. Auch hier vereinfacht ein Zahlenbeispiel das Verständnis.

Ein Altbau aus dem Jahr 1975 verbraucht, bei einer Wohnfläche von 200 m^2, jährlich 4000 l Heizöl. Das entspricht einem Primärenergiebedarf von 40.000 kWh und entsprechend 200.$\frac{\text{kWh}}{\text{m}^2\text{a}}$

Beim Heizen mit Strom kann 1 zu 1 der Verbrauchswert in kWh verwendet werden. Bei Holz liegt der Brennwert bei circa **2.000 kWh pro Raummeter**.

Zur Bestimmung des Energiebedarfs muss zusätzlich noch die Effizienz des Öl- oder Gaskessels einbezogen werden. Denn wenn wir z. B. 1500 m³ Gas kaufen, wird bei einem gewöhnlichen Gaskessel nur circa 90 % der Energie zum Heizen genutzt. Die restliche Energie geht durch den Schornstein verloren. Bei Ölkesseln sind die Verluste noch einmal größer. Hier fallen Verluste von über 20 % an. Dabei hängt es stark davon ab, aus welchem Jahr die Heizung stammt. Moderne Heizanlagen sind deutlich effizienter.

Die Heizenergie ist die Energie, die wir über ein Kalenderjahr verbrauchen, um das Gebäude auf unserer Wunschtemperatur zu halten. Die Heizenergie ist intuitiv verständlich. Oftmals weniger greifbar ist hingegen der Begriff der Heizleistung.

Die Heizleistung gibt die Wärmeleistung an, die wir benötigen, um das Gebäude auf einer gewünschten Temperatur zu halten. Die aktuelle Wärmeleistung, die benötigt wird, hängt jedoch von vielen Faktoren ab. Wenn es draußen kälter ist, verliert das Haus mehr Energie über die Gebäudehülle, folglich steigt die benötigte Heizleistung.

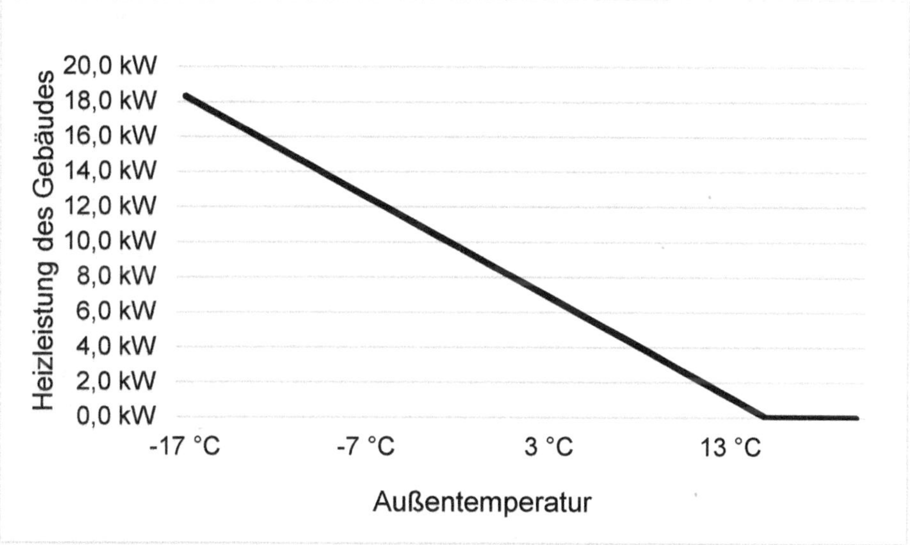

Abbildung 40 Heizbedarf in Abhängigkeit der Außentemperatur

Wenn wir zusätzlich die Räume besonders stark aufwärmen, steigt ebenfalls die Heizleistung. Im Sommer, wenn die Außentemperatur hingegen bei 25 °C liegt, ist die Heizleistung entsprechend auf null abgesunken.

Das bedeutet, dass die Heizleistung über das Jahr hinweg stark schwankt.

Wenn von „der Heizleistung eines Gebäudes“ die Rede ist, wird daher der Worst Case angenommen. Die Heizleistung beschreibt die Wärmeleistung, welche das Gebäude benötigt, um eine konstante Raumtemperatur, von 20 bis 22 °C, halten zu können. Die Außentemperatur wird dabei, je nach Standort des Gebäudes zwischen -16 °C und -8 °C angenommen.

Die Wärmeleistung, welche über die Gebäudehülle verloren geht, muss in diesem Fall nachgeheizt werden, damit die Raumtemperatur konstant bleibt. Ein passender Begriff, anstatt der Heizleistung eines Gebäudes, wäre daher die Bezeichnung als **benötigte Nachheizleistung eines Gebäudes**.

Die benötigte Heizleistung hängt dabei von der Dichtigkeit der Gebäudehülle ab. Je mehr Energie durch undichte Stellen und trotz der Dämmung der Wände abgegeben werden kann, umso höher ist die benötigte Heizleistung.

Die **Heizleistung** eines Gebäudes zu bestimmen, ist verhältnismäßig schwierig. Denn das Lastprofil hängt stark von den Gewohnheiten der Bewohner ab. Ebenso variiert die Dichtigkeit der Gebäudehülle stark. Deshalb werden dafür Durchschnittswerte verwendet. Das Alter des Gebäudes ist deshalb primär ausschlaggebend für die Heizleistung. Um die Heizleistung zu ermitteln, wird die beheizte Wohnfläche verwendet. Dabei wird unterschieden in gewöhnliche Wohnfläche, wie Küche, Wohnzimmer, Kinderzimmer und heiz-intensive Wohnflächen, wie das Bad oder beheizte Kellerräume, die direkt am Erdreich angrenzen. Auch wenn man im Arbeitszimmer eine erhöhte Temperatur bevorzugt, kann man die Fläche zur heiz-intensiven Fläche hinzuzählen.

Als Faustformel können wir folgende Werte, in Abhängigkeit des Baujahres, annehmen:

Baujahr des Gebäudes	Gewöhnliche Wohnfläche	Heizintensive Wohnfläche
Vor 1970	120 - 150 W/m²	150 - 180 W/m²
1970 - 1978	100 W/m²	120 W/m²
1979 - 1994	80 W/m²	100 W/m²
1995 - 2002	60 W/m²	80 W/m²
2002 - 2016	40 W/m²	50 W/m²
Ab 2017	20 - 40 W/m²	30 - 50 W/m²

Die Tabelle leitet sich aus der Einführung diverser Energiestandards, die z. B. im Jahr 1978, 2002 oder 2016 eingeführt wurden, ab. Dabei konnte man jeweils einen klaren Sprung in der Energieeffizienz der Wohngebäude feststellen.

Zusätzlich zu dem Heizbedarf des Gebäudes muss der Heizbedarf für die Warmwasseraufbereitung einbezogen werden. Dabei können pauschal **250 W pro Bewohner** verwendet werden.

Bei diesen Werten handelt es sich um **Richtwerte**, um eine grobe Abschätzung zu bekommen. Andere Quellen verwenden andere Werte. Es geht primär darum, ein Gespür für die Größenordnungen zu erlangen.

Deutlich sinnvoller ist das **Aufstellen eines Lastprofils**. Dabei wird der Verbrauch aufgezeichnet und es können die Lastspitzen erkannt werden.

Wenn bereits ein Verbrauchsprofil vorhanden ist, kann die Heizlast deutlich leichter errechnet werden. Dabei wird die Heizenergie eines Jahres **durch 2500 (h)** geteilt. Wir berechnen wiederum die beiden obigen Beispiele mit den beiden Methoden.

Dabei gehen wir von einer vierköpfigen Familie und einem 10 m ^{2} Bad aus. Weitere heiz-intensive Räume sind nicht vorhanden.

Für das 2010 erbaute Haus nehmen wir 40 W/m² an sowie 50 W/m² für das Bad. Ergibt eine Heizlast von:

$$140\ \mathrm{m}^2 \cdot 40\frac{\mathrm{W}}{\mathrm{m}^2} + 10\ \mathrm{m}^2 \cdot 50\frac{\mathrm{W}}{\mathrm{m}^2} = 6100\ \mathrm{W} = \mathbf{6{,}1\ kW}$$

Zusätzlich addieren wir $4 \cdot 250\ \mathrm{W} = 1000\ \mathrm{W} = 1\ \mathrm{kW}$ für die Warmwasserzubereitung der Bewohner, ergibt insgesamt eine Heizleistung von 7,1 kW.

Zum Vergleich errechnen wir den Heizbedarf erneut mit der alternativen Formel, bei der wir den bereits bekannten Verbrauch durch 2500 teilen.

$$\frac{15.000\ \mathrm{kWh}}{2500\ \mathrm{h}} = 6\ \mathrm{kW}$$

Hierbei ist die Warmwasserzubereitung bereits enthalten.

Das gleiche Berechnungsschema wenden wir für den Altbau an. Auch hier entspricht das Bad 10 m².

$$190\ \mathrm{m}^2 \cdot 100\frac{\mathrm{W}}{\mathrm{m}^2} + 10\ \mathrm{m}^2 \cdot 120\frac{\mathrm{W}}{\mathrm{m}^2} = 20.200\ \mathrm{W} = \mathbf{20{,}2\ kW}$$

Auch hier wird 1 kW für die Warmwasserzubereitung addiert, sodass wir insgesamt **21,2 kW** Heizleistung erhalten.

Alternativ erhalten wir mit der zweiten Methode:

$$\frac{40.000\ \mathrm{kWh}}{2500\ \mathrm{h}} = 16\ \mathrm{kW}$$

Anhand der beiden Beispiele erkennen wir, dass die Methoden einen groben Richtwert liefern, jedoch nicht sehr akkurat sind. Vor allem beim Altbau liegt die Abweichung bei 25 %. Das ist der großen Varianz im Verbrauch geschuldet.

Dennoch erkennen wir einen klaren Unterschied in den Größenordnungen.

Eine Alternative sind **Online-Heizlastrechner**. Bei diesen werden die Gebäudedaten eingetragen und es wird eine grobe Heizlast errechnet.

Die Heizleistung muss die Wärmepumpe liefern. Wärmepumpen werden in verschiedenen Leistungsklassen angeboten. Ein Hersteller vertreibt meistens ein Gerät in drei bis sechs Leistungsklassen.

Bei einem intensiven Verbrauchsprofil empfiehlt es sich eine Wärmepumpe in einer größeren Stufe zu verwenden.

Bereits bei der Auslegung des Energiebedarfes und der Heizleistung können daher die ersten Schwierigkeiten auftreten. Das wird durch eine Sanierung des Altbaus zusätzlich verstärkt.

Denn bei einem Altbau wird selten nur die alte Heizung ausgetauscht. Viel häufiger werden zusätzliche Wärmedämmmaßnahmen verbaut. Dadurch sinkt der Heizbedarf drastisch. Jedoch weiß man nun nicht mehr, wie viel Energie das Gebäude nach der Sanierung verbrauchen wird.

Anstatt der 40.000 kWh des Altbaus aus dem zweiten Beispiel, kann der Heizbedarf durch Dämmmaßnahmen auf 30.000 kWh, vielleicht sogar auf 25.000 kWh oder gar 20.000 kWh gesenkt werden. Die Heizlast kann dabei ebenfalls von 21,2 kW auf 15 kW oder sogar 10 kW fallen.

Als Laie kann man die Auswirkungen der Dämmmaßnahmen nur schwer einschätzen.

In solch einem Fall ist es unabdingbar, einen **Energieberater** aufzusuchen. Dieser kann durch Modellrechnungen abschätzen, wie hoch der neue Heizbedarf sein wird.

Dafür wird ein Modell des Hauses erstellt, bei dem alle Wärmewiderstände des Hauses, sprich Fenster, Wände, Dach etc. inklusive ihrer **Wärmedurchgangsverluste** eingetragen. Für jedes Zimmer wird ein Heizlastprofil erstellt. Anschließend kann mithilfe einer speziellen Software der Wärmestrom simuliert werden und damit den Heizbedarf errechnet werden. In seltenen Fällen kann der Energieberater sogar eine Wärmebildaufnahme des Gebäudes vornehmen, um eventuelle Schwachstellen in der Gebäudehülle ausfindig zu machen.

Abbildung 41 Wärmebildaufnahme der Gebäudehülle

Eine Heizung ist ein Gerät, welches individuell an die Heizlast angepasst werden muss. Ein Energieberater ist für daher sowohl für Altbausanierungen als auch für Neubauten fast schon obligatorisch.

Zudem können durch den Gang zum Energieberater mehr Fördermittel für die Sanierung geltend gemacht werden. Denn der Energieberater erstellt bei einer Altbausanierung einen Sanierungsplan. In diesem wird angeführt, welche Dämmmaßnahmen für das Gebäude vorgesehen sind.

Die Kosten des Energieberaters werden bis zu 80 % (maximal 1700 €) erstattet, wie wir im nächsten Kapitel sehen werden.

Im Rahmen der Antragstellung der Bundesförderung für effiziente Gebäude ist es für bestimmte Maßnahmen erforderlich, einen Energieeffizienz-Experten (EEE) hinzuzuziehen.

Allgemeines Merkblatt zur Antragstellung Bundesförderung für effiziente Gebäude – Einzelmaßnahmen (BEG EM) – Zuschuss

Zusätzlich können energetische Maßnahmen bis zu 45 % bezuschusst werden. Welche Zuschüsse für uns interessant sind, werden wir uns nach der Auslegung der Wärmepumpe noch genauer anschauen.

Doch nicht nur Altbauten haben das Problem der Energieabschätzung, auch bei einem Neubau sind noch keine Verbrauchszahlen vorhanden. Hier wird der Energieberater im Zuge der Planung des Gebäudes ebenfalls einen Primärenergieverbrauch berechnen bzw. am Computer simulieren.

Dieser kann jedoch, je nach persönlichem Heizbedarf, variieren. Einige Bewohner empfinden 20 °C als ausreichend, andere heizen auf 24 °C. Zudem ist das Dusch- oder Badeverhalten ebenfalls schwer abzuschätzen.

Aus diesem Grund sollte eine Wärmepumpe immer mit genügend Puffer ausgelegt werden. In der Regel ist der Puffer in der Heizlastberechnung bereits integriert.

Wir gehen im Folgenden davon aus, dass wir sowohl unseren Energiebedarf in kWh, unseren Energiebedarf pro m^2 Wohnfläche sowie eine grobe Heizlastschätzung kennen. Bevor wir zur Auswahl einer Wärmepumpe kommen, schauen wir uns noch mögliche Förderungen an.

5.2 BAFA- und KfW-Förderung

Eine Wärmepumpe ist durch den rapiden Anstieg der Gas- und Ölpreise noch einmal deutlich wirtschaftlicher geworden, als es noch vor einigen Jahren der Fall war. Dennoch ist die Anschaffung einer Wärmepumpe eine Investition, die mindestens im fünfstelligen Bereich liegt. Da die Politik den Einbau von Wärmepumpen vorantreiben will, sind Förderungen, von bis zu 45 % möglich. Bei einer Wärmepumpe, die inklusive Installation bei 25.000 € liegt, ist das bereits ebenfalls ein fünfstelliger Betrag.

Um sich die Förderung sichern zu können, müssen wir bei der Auswahl der Wärmepumpe darauf achten, dass sie auch tatsächlich förderungsfähig ist.

Abbildung 42 BAFA-Logo Quelle https://www.bafa.de/DE/Home/

Die Förderungen für Wärmepumpen wird vom **Bundesamt für Wirtschaft und Ausfuhrkontrolle (BAFA)** vergeben. Im Jahr 2021 wurden verschiedene Förderprogramme der BAFA und der KfW neu strukturiert.

Dabei können wir uns entscheiden, ob wir „nur" einen Zuschuss, oder zusätzlich ein zinsgünstiges Darlehen bekommen möchten.

Ab 2023 werden alle Darlehen über die KfW abgehandelt. Da sich die Gesetzeslage stetig ändert, muss man sich nach dem neuesten Stand erkundigen. Dafür empfiehlt es sich, den Energieberater oder Installateur zu fragen, diese sind in der Regel mit den aktuellen Förderungen vertraut.

Die BAFA ist für viele Förderungen im Bereich der Sanierungen, aber auch der erneuerbaren Energien zuständig. Für die Anschaffung einer Wärmepumpe ist zusätzlich die *Bundesförderung für effiziente Gebäude*, kurz BEG interessant.

Die BAFA schreibt dabei vor, dass eine **Heizlastberechnung** notwendig ist, um eine Förderung zu erlangen:

> Die Gebäudeheizlast ist bevorzugt nach DIN EN 12831 zu ermitteln. Als Alternative sind auch vereinfachte Heizlastermittlungen auf der Basis der DIN EN 12831 zulässig (z. B. Hüllflächenverfahren)

***Auszug:** Merkblatt zu den technischen Mindestanforderungen Heizen mit Erneuerbaren Energien*

Der Förderantrag für einen Zuschuss muss vor Beginn der Maßnahmen erfolgen.

In den Bedingungen wird festgeschrieben, dass die Wärmepumpe innerhalb der **Normaußentemperatur** arbeiten kann. Die Normaußentemperatur variiert je nach Postleitzahl.

„Die Normaußentemperatur ist die tiefste Temperatur einer Kälteperiode, welche sich 10-mal innerhalb von 20 Jahren über einen Zeitraum von mindestens zwei aufeinanderfolgenden Tagen gehalten haben muss.“

-DIN EN 12831

Für München liegt diese Außentemperatur bei -16 °C, für Berlin bei -14 °C, am Bodensee bei -12 °C und so weiter.

Die Normaußentemperatur für eine bestimmte Postleitzahl können wir durch wenige Klicks im Internet ermitteln, beispielsweise unter:

https://www.waermepumpe.de/normen-technik/klimakarte/

Die BAFA schreibt weiter vor, dass die Wärmepumpe bei der Normaußentemperatur die Heizlast des Hauses gewährleisten kann, und zwar regenerativ.

Wärmepumpen-Anlagen: Maßgeblich ist die Heizleistung bei der jeweils anzusetzenden Normaußentemperatur am Standort der Wärmepumpe und einer Vorlauftemperatur von 35 °C. Der Wert kann den technischen Herstellerunterlagen entnommen werden.

Auszug: Merkblatt zu den technischen Mindestanforderungen Heizen mit Erneuerbaren Energien

Dabei muss die Heizleistung zu 25 % des Heizlastbetrags bei Normaußentemperatur von der Wärmepumpe selbst kommen.

Es wird keine Wärmepumpe gefördert, welche die geforderte Leistung nur mithilfe eines zusätzlichen Notfall-Heizstabs erreichen kann. Denn dieser gilt als „nicht energetisch effizient“.

Was hingegen möglich ist, ist der Betrieb einer **bivalenten Heizlösung**, beispielsweise einer Hybridlösung, einer Gastherme mit Wärmepumpe. Diese müssen dabei gleichzeitig, also im Parallelbetrieb laufen.

Der geforderte Wert wird in der Realität sehr einfach erreicht, wie wir im nächsten Kapitel noch genauer sehen werden.

Damit eine Wärmepumpe förderfähig ist, darf der COP (nicht JAZ!), je nach Ausführung der Wärmepumpe, einen Mindestwert nicht unterschreiten (bei Umrüstung 3,5, bei Neubauten 4,5) und die Wärmepumpe muss diverse DIN-Normen erfüllen.

In der Praxis stellt die Suche einer förderfähigen Wärmepumpe keinen großen Aufwand dar. Die Hersteller und Heizungsmonteure kennen diese Anforderungen.

Eine Liste der aktuell förderfähigen Wärmepumpen ist auf der Webseite der BAFA zu finden:

https://www.bafa.de/DE/Energie/Energieeffizienz/Energieeffizienz_und_Prozesswaerme/liste_foerderfaehige_anlagen_node.html

Die Höhe der BAFA- / BEG-Zuschüsse hängt dabei von der jeweiligen Maßnahme ab.

Bundesamt für Wirtschaft und Ausfuhrkontrolle

Förderübersicht: Bundesförderung für effiziente Gebäude (BEG)

Einzelmaßnahmen zur Sanierung von Wohngebäuden (WG) und Nichtwohngebäuden (NWG)		Fördersatz	Fördersatz mit Austausch Ölheizung	Fachplanung und Baubegleitung
Gebäudehülle[1]	Dämmung von Außenwänden, Dach, Geschossdecken und Bodenflächen; Austausch von Fenstern und Außentüren; sommerlicher Wärmeschutz	20 %		
Anlagentechnik[1]	Einbau/Austausch/Optimierung von Lüftungsanlagen; WG: Einbau „Efficiency Smart Home"; NWG: Einbau Mess-, Steuer- und Regelungstechnik, Raumkühlung und Beleuchtungssysteme	20 %		
Heizungsanlagen[1]	Gas-Brennwertheizungen „Renewable Ready"	20 %	20 %	50 %
	Gas-Hybridanlagen Solarthermieanlagen	30 % 30 %	40 % 30 %	
	Wärmepumpen Biomasseanlagen[2] Innovative Heizanlagen auf EE-Basis EE-Hybridheizungen[2]	35 % 35 % 35 % 35 %	45 % 45 % 45 % 45 %	
	Anschluss an Gebäude-/Wärmenetz mind. 25 % EE mind. 55 % EE	 30 % 35 %	 40 % 45 %	
Heizungsoptimierung[1]		20 %		

[1] iSFP-Bonus: Bei Umsetzung einer Sanierungsmaßnahme als Teil eines im Förderprogramm „Bundesförderung für Energieberatung für Wohngebäude" geförderten individuellen Sanierungsfahrplanes (iSFP) ist ein zusätzlicher Förderbonus von 5 % möglich.
[2] Innovationsbonus: Bei Einhaltung eines Emissionsgrenzwertes für Feinstaub von max. 2,5 mg/m3 ist ein zusätzlicher Förderbonus von 5 % möglich.

Bundesamt für Wirtschaft und Ausfuhrkontrolle (BAFA)

Stand 1. Januar 2021

Abbildung 43 Übersicht Fördersätze

Wir können sehen, dass die Förderung für eine **Gas-Hybridheizung** bei 30 % liegt. Wenn wir dafür eine bereits bestehende Ölheizung ersetzen, liegt die Förderung sogar bei 40 % der Anschaffungskosten.

Der Einbau einer Wärmepumpe liegt bei **35 %**, mit Austausch einer Ölheizung bei **45 %**. Die Förderung bezieht sich dabei sowohl auf die Anlagekosten als auch auf die Installationskosten.

Neben der Förderung durch die BAFA kann ein zinsgünstiges Darlehen von der **Kreditanstalt für Wiederaufbau (KfW)** beantragt werden.

Die KfW wurde nach dem 2. Weltkrieg ins Leben gerufen, um das gebeutelte Deutschland wieder aufzubauen. Die KfW vergibt günstige Darlehen und Zuschüsse für bestimmte Maßnahmen, beispielsweise für Energiemaßnahmen, aber auch für die Anschaffung einer Photovoltaik-Anlage oder Ähnliches.

Die KfW bietet viele Programme an, die jeweils durch eine Nummer betitelt werden.

Interessant ist hierbei die ***Förderung 261 „BEG Wohngebäude", sowie 262 „BEG Einzelmaßnahmen".***

Den Antrag für eine Förderung können wir online auf der Webseite der BAFA stellen. Wenn ein Energieberater einbezogenwurde, wird dessen Energiebericht ebenfalls eingereicht. Nachdem die BAFA die Unterlagen kontrolliert hat, erhalten wir einen **Zuschussbescheid**. Sobald wir diesen besitzen, können wir mit den Maßnahmen beginnen und anschließend die Rechnungen einreichen.

5.3 Auslegung der Wärmepumpe

Wir wissen nun, wie hoch unser Heizbedarf ist und welche Wärmepumpen gefördert werden. Als Nächstes legen wir eine konkrete Wärmepumpe aus.

Eine Wärmepumpe muss individuell, passend zum Gebäude, ausgelegt werden. Doch nicht nur das Gebäude, auch unterschiedliche Standorte haben einen Einfluss auf die Auslegung der Wärmepumpenleistung. Das exakt selbe Gebäude kann in Oberstdorf (Normaußentemperatur - 16,7 °C) eine andere Wärmepumpenleistung benötigen als beispielsweise in Duisburg (Normaußentemperatur - 8,1 °C).

Quelle: https://www.waermepumpe.de/normen-technik/klimakarte/

Zur korrekten Auslegung der Wärmepumpe schauen wir uns den Heizwärmebedarf unseres Hauses, in Abhängigkeit der Außentemperatur, an. Je kälter es wird, umso höher wird der Heizbedarf. Ab einer Außentemperatur von 15 °C muss laut DIN-Norm 12831 nicht mehr geheizt werden. In der Praxis wird sich die Heizgrenze eher auf 20 °C belaufen. Für die Berechnung bzw. die Auslegung der Wärmepumpe hat diese Differenz keinen signifikanten Einfluss.

Der Heizbedarf wird in das Diagramm (Abbildung 44) eingezeichnet. Zusätzlich tragen wir in das gleiche Diagramm die Heizleistung einer Wärmepumpe auf. Die Leistung ist dabei nicht konstant, sondern verhält sich im Vergleich zum Heizbedarf (leider) genau entgegengesetzt. Je kälter die Außentemperatur wird, umso ineffizienter arbeitet sie. Die Gerade der Heizleistung ist dabei abhängig vom Modell. Es ergibt sich folgender Graph:

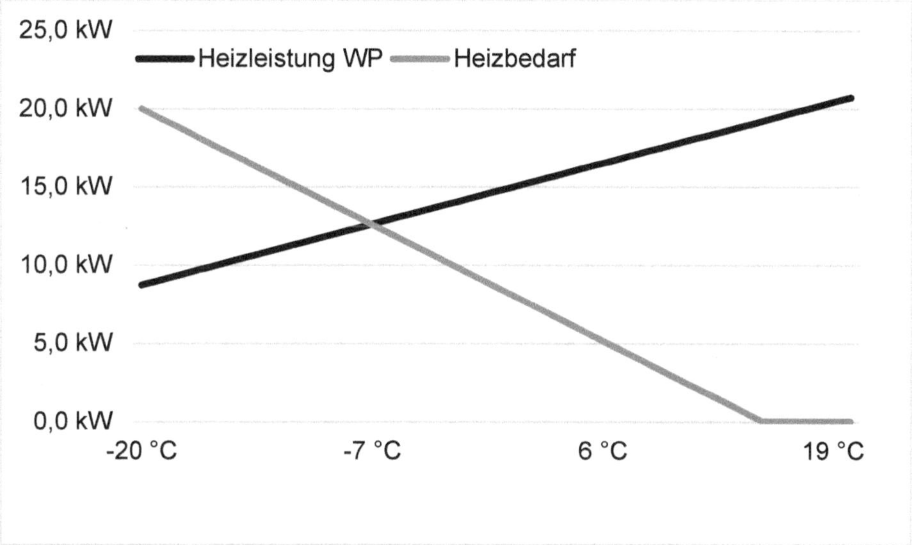

Abbildung 44 Heizlast und Heizleistung in Abhängigkeit der Außentemperatur

In diesem Beispiel kann die Wärmepumpe die Heizleistung bis zu einer Außentemperatur von **-7 °C** liefern. Darüber hinaus reicht die Leistung nicht aus.

Ab diesem Punkt muss **eine alternative Heizmethode eingesetzt werden**, um den restlichen Wärmebedarf decken zu können. Das kann beispielsweise ein Gaskessel sein, wie bei Hybrid-Systemen, oder ein Heizstab, wie es bei den gängigsten Wärmepumpen der Fall ist.

Der Punkt, an dem die Leistung der Wärmepumpe (ohne Heizstab) allein nicht mehr ausreicht, um die Heizlast des Gebäudes zu decken, wird **Bivalenzpunkt** genannt. Ab dort muss eine Unterstützung (Bilanz) eines weiteren Heizsystems, wie Heizstab oder Gastherme einspringen.

Dabei wird der Heizstab nicht zugeschaltet, weil die Effizienz der Wärmepumpe sinkt. Selbst wenn der COP auf 1,5 bis 2 absinken würde, wäre es immer noch effizienter als der Einsatz eines Heizstabs (COP von maximal 1). Der Heizstab muss zugeschaltet werden, da ohne ihn die absolute Leistung der Wärmepumpe nicht mehr ausreichend ist.

Aber warum dimensionieren wir die Wärmepumpe nicht einfach deutlich größer, sodass dieser Fall niemals eintritt? Schließlich ist ein Heizstab sehr ineffizient. Im Diagramm würde das so aussehen:

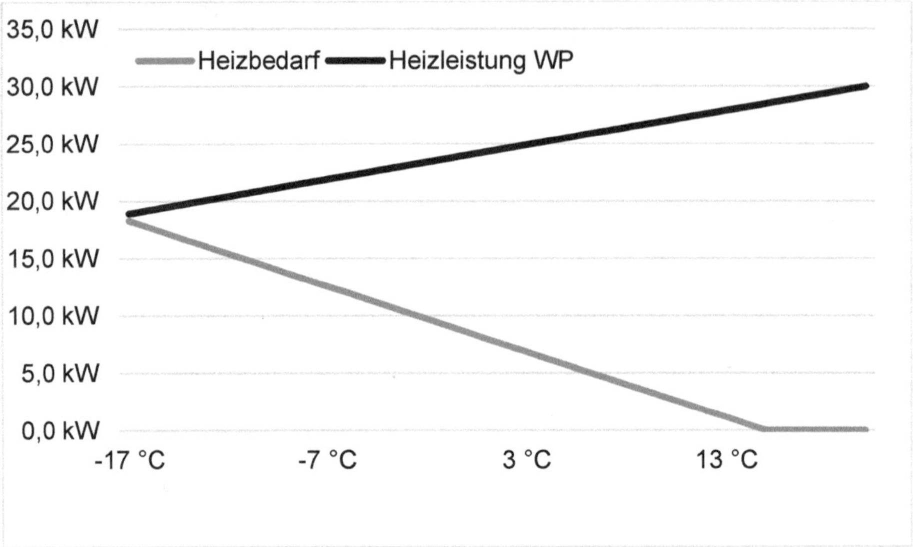

Abbildung 45 Die Wärmepumpe kann zu jeder Zeit die Heizleistung aufbringen

Der Bivalenzpunkt läge bei circa -20 °C. Diese Temperaturen würden in der Realität je nach Standort niemals auftreten. Dadurch könnte die Wärmepumpe zu jeder Zeit den vollen Heizbedarf des Gebäudes decken. Bei monovalenten Wärmepumpen ohne Heizstab ist das die einzige Möglichkeit, den Heizbedarf sicherzustellen.

Bei dem Beispiel kann die Wärmepumpe das Haus auch bei z. B. -20 °C aufheizen, jedoch sehen wir, dass die Wärmepumpe bei höheren Temperaturen, beispielsweise bei 5 °C nur zu circa 20 % ausgelastet ist. Die Wärmepumpe ist zwar für die Temperatur von bis zu -20 °C auch ohne Heizstab einsatzfähig, jedoch ist sie für höhere Temperaturen **überdimensionier**t.

Der Nachteil bei einer Überdimensionierung ist, dass die Wärmepumpe deutlich häufiger ein- und ausgeschaltet wird. Denn sie kann das Haus bei moderaten Temperaturen schneller aufheizen als eine leistungsschwächere Wärmepumpe. Die Schaltzyklen bestimmen jedoch die Lebensdauer der Wärmepumpe enorm, wie wir noch sehen werden.

Deshalb ist diese Überdimensionierung ungeeignet und führt zu einer deutlich kürzeren Lebensdauer. Zudem steigen die Anschaffungskosten und dadurch die Amortisationszeit.

Eine Überdimensionierung ist daher in vielerlei Hinsicht unrentabel.

Auf der anderen Seite ist die Unterdimensionierung jedoch genauso schädlich. Hierbei wird der Heizstab zu häufig eingesetzt und die Effizienz der gesamten Anlage nimmt drastisch ab. Da der Heizstab ineffizient läuft, steigt zudem der Strombedarf des Wärmepumpen-Heizstab-Systems enorm an.

Bei der Auslegung der Leistungsgröße der Wärmepumpe müssen wir einen Kompromiss finden, zwischen der Häufigkeit der Schaltzyklen und der Einsatzhäufigkeit des Heizstabes.

Um diesen optimalen Kompromiss zu finden, müssen wir uns anschauen, welche Temperaturen an unserem Standort zu erwarten sind. Dabei hilft uns die **Normaußentemperatur**, welche wir bereits kennengelernt haben. Diese gibt an, welche die niedrigste Temperatur ist, mit der wir rechnen müssen. Der Bivalenzpunkt der Wärmepumpe wird dabei in der Praxis **einige Grad Celsius über** die Normaußentemperatur gelegt. Bei energetisch effizienten Hybridsystemen, wie einer Öl-, Gas- oder Pellet-Wärmepumpen-Kombination, kann er zusätzlich erhöht werden, um die Effizienz der Wärmepumpe hochzuhalten.

Im statistischen Durchschnitt wird die Wärmepumpe so ausgelegt, dass der Bivalenzpunkt nur für wenige Tage im Jahr unterschritten wird. Dadurch ist die Effizienz des Heizsystems und gleichzeitig die Bereitstellung der Heizlast gewährleistet.

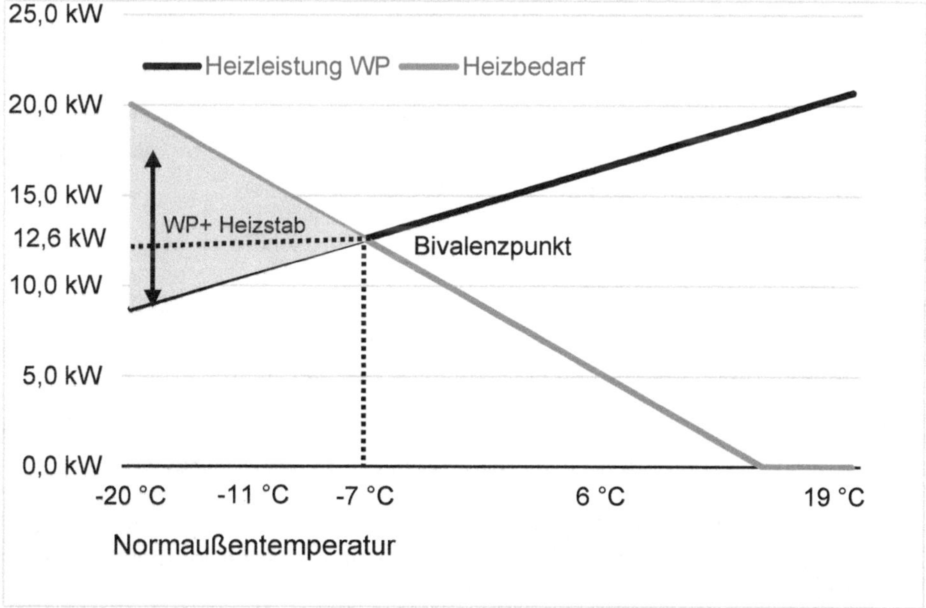

Abbildung 46 Auslegung einer Wärmepumpe nach dem Bivalenz punkt

In dem Beispiel würden wir uns für eine Wärmepumpe mit einer Leistung von 12,6 kW und einem integriertem Heizstab entscheiden.

Wie wir anhand des Beispiels gesehen haben, ist die Auslegung gar nicht so einfach, wie man vielleicht zunächst denken mag. „Einfach eine Nummer größer zu nehmen" ist der falsche Ansatz. Eine Nummer zu klein hingegen schmälert die Effizienz und ist im schlimmsten Fall nicht förderfähig.

Die Auslegung der Wärmepumpenleistung übernimmt in der Regel der Energieberater oder der Heizungsfachbetrieb.

Diese halten sich dabei an die gültigen Normen, beispielsweise die
DIN EN 12831 - Verfahren zur Berechnung der Norm-Heizlast und die
DIN/TS 12831- 1:2020-04.

Als Verbraucher erhalten wir meistens von den Beratern eine Leistungsklasse der Wärmepumpe, nach der wir uns anschließend unser Wunschmodell aussuchen können, oder direkt mit vorgeschlagen bekommen.

Nachdem wir wissen, welche Wärmepumpe wir benötigen, können wir eine konkrete Wirtschaftlichkeitsberechnung der Wärmepumpe durchführen. Dadurch sehen wir, ob sich die Anschaffung monetär rentiert.

5.4 Wirtschaftlichkeitsbetrachtung

Im Folgenden wird eine leicht nachzuvollziehende, vereinfachte Kostenbetrachtung herangezogen. Wie immer hängt die konkrete Amortisationszeit von vielen Faktoren wie der persönlichen Nutzung, den Anschaffungskosten und vielen weiteren Faktoren ab. Zudem kann die Effizienz durch verschiedene Maßnahmen, wie wir sie noch kennenlernen werden, gesteigert werden.

Zum Berechnen, wann sich eine Wärmepumpe wirtschaftlich auszahlt, müssen wir einige Kosten berücksichtigen.

Die Rentabilität setzt sich dabei zusammen aus den **Anschaffungskosten** und den **laufenden Kosten** für den Rohstoff oder Energieträger.

Wärmepumpen sind in der Anschaffung meist teuer als konventionelle Heizsysteme, amortisieren diesen Mehrpreis jedoch während ihrer Laufzeit.

Um das zu verstehen, ziehen wir den aktuellen Strompreis hinzu. Dieser lag im Jahr 2021 durchschnittlich bei 32 Cent/kWh, ist in den Anfangsmonaten des Jahres 2022 jedoch bereits auf 38 Cent/kWh gestiegen.

Ähnlich verhält es sich mit dem Gaspreis, welcher über die letzten Jahre bei **6 bis 7 Cent/kWh** lag, dies entspricht circa 60 bis 70 Cent pro m³.

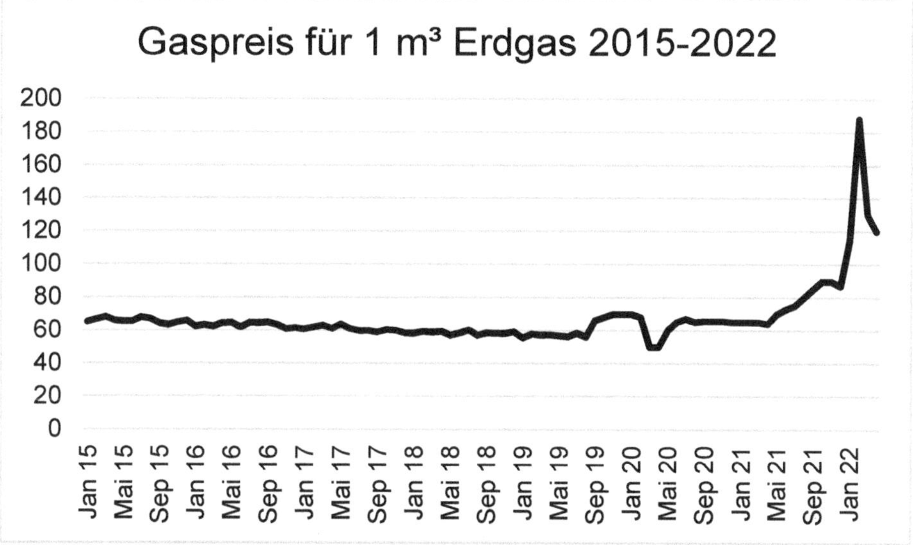

Abbildung 47 Gaspreis für 1 m³ Erdgas für den Zeitraum Januar 2015 bis März 2022

Im Zuge der Nachwirkungen der Coronamaßnahmen der Politik und des Russland-Ukraine-Krieges, sind die Gaspreise auf über 12 Cent/kWh (1,30 € pro m³) gestiegen.

Ähnlich verhält es sich beim Ölpreis. In der Spitze ist dieser auf über 2 € pro Liter angestiegen.

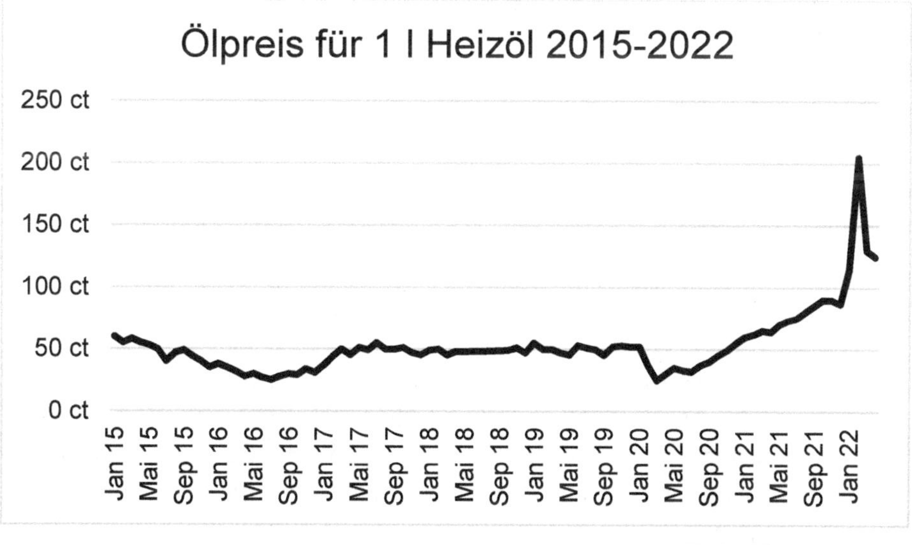

Abbildung 48 Ölpreis für 1 l Heizöl für den Zeitraum Januar 2015 bis März 2022

Die Zukunft der Energiepreise kann niemand mit Sicherheit voraussagen. Dennoch ist der Konsens unter Experten, dass die Gaspreise weiterhin steigen werden. Gründe hierfür sind unter anderem die CO_2-Bepreisungsowie geopolitische Aspekte. Der CO_2-Preisliegt jedoch lediglich momentan nur bei 0,55 Cent/kWh und wird in den kommenden Jahren auf 1,5 Cent/kWh ansteigen. Er wird daher klar von anderen Faktoren überlagert. Dabei ist zu erwähnen, dass **rund 25 %** des aktuellen Gaspreises aus Steuern und Abgaben besteht.

Wir konzentrieren uns in diesem Ratgeber jedoch ausschließlich auf die Gegebenheiten, sprich die Energiepreise.

Bei der Erstellung dieses Ratgebers sind die aktuellen Energiepreise berücksichtigt worden:

Primärenergieträger	Kosten pro 1 kWh Q1 2022
Öl	9,5 – 14 ct (in der Spitze über 20 ct)
Gas	9,9 - 12,3 ct (in der Spitze 18 ct)
Strom	38,1 ct (34,4 ct exkl. EEG)

Hierbei lag im ersten Quartal des Jahres 2022 eine starke Schwankung vor. Im Januar 2022 lagen die Preise für Gas noch bei 10 ct/kWh, im März bereits bei 16,8 ct/kWh. Heizöl schwankte in dieser Zeit noch stärker. So verdreifachte sich der Heizölpreis beinahe innerhalb einiger Monate auf in der Spitze über 2,05 €, bevor er sich wieder deutlich entspannte. Grund dafür war vor allem die Sorge vor einem Öl- und Gasimportstopp als Reaktion auf den Russland-Ukraine-Krieg.

Ebenso verhielt es sich beim Strompreis. Dieser stieg von Januar 2022 von 34 ct/kWh auf 41 ct/kWh.

Im Rahmen dieses Ratgebers wurden die Durchschnittswerte herangezogen. Diese Preise werden für alle Kalkulationen in diesem Buch verwendet. Dabei muss wiederum beachtet werden, dass diese stark schwanken werden.

Der Strompreis liegt zwar bei 38,1 Cent/kWh, jedoch ist in diesem Preis die Umlage zur Förderung erneuerbarer Energien (EEG-Umlage) enthalten. Diese macht momentan 3,7 Cent aus und fällt ab Mitte 2022 weg. Die Energieversorger sind gesetzlich verpflichtet, den Wegfall an die Endkunden weiterzureichen. Um einen „fairen" Vergleich zwischen Strom und Gaskosten zu haben, verwenden wir deshalb einen um 3,7 Cent reduzierten Preis von 34,4 Cent/kWh.

Beim Lesen dieses Buches können die aktuellen Energiepreise bereits höher oder niedriger ausfallen. Dementsprechend variiert die Amortisationszeit einer Wärmepumpe.

Seit einigen Jahren ist jedoch klar zu beobachten, dass die Amortisationszeit stetig abnimmt. Das liegt daran, dass fossile Energieträger mehr besteuert werden als regenerative.

Neben dem Energiepreis benötigen wir eine realistische JAZ der Wärmepumpen. Diese sind schwer zu prognostizieren, daher werden auch hier die Durchschnittswerte der letzten Jahre herangezogen. Diese liegen bei:

Wärmepumpe	Durchschnittliche JAZ
Wasser-Wasser	4,5 – 5,5
Sole-Wasser	4 - 5
Luft-Wasser	3 - 4
Luft-Luft	2,5

Prinzipiell sind das bereits alle Werte, die wir benötigen, um ausrechnenzu können, ob sich eine Wärmepumpe im Hinblick auf die laufenden Kosten generell rentiert.

Konventionelle Heizsysteme verwenden die Primärenergie zu 80 bis 90 %, um daraus Wärme zu gewinnen. Das ist der Wirkungsgrad der Heizsysteme. Aus 1 kWh Gas erhalten wir z. B. 0,9 kWh Wärme. Bei Ölheizungen nehmen wir einen Durchschnittswert von 85 % an, da Ölheizungen in der Regel älter und ineffizienter arbeiten. Alte Ölheizungen besitzen teilweise Wirkungsgrade von 70 %, eine moderne hingegen 95 %. Bei Öl- und Gasheizungen erhalten wir stets weniger Wärme als wir einkaufen.

Bei Wärmepumpen ist das jedoch anders. Durch das Konzept der Verdichtung erhalten wir mehr Wärme. Wie wir bereits wissen, bezeichnet die Jahresarbeitszahl genau dieses Verhältnis.

Wenn wir nun berechnen wollen, wie viel eine erzeugte Kilowattstunde Wärmeenergie kostet, müssen wir den Strompreis, durch die Jahresarbeitszahl teilen. Dann erhalten wir die **Kosten pro Kilowattstunde Heizenergie.**

Ein Beispiel veranschaulicht das. Eine Sole-Wasser-Wärmepumpe mit einer JAZ von 4 erzeugt aus 1 kWh insgesamt 4 kWh Heizenergie. Das bedeutet 4 kWh Heizenergie kosten effektiv 34,4 ct, nämlich den Preis von 1 kWh Strom. Hierbei wurde die EEG-Umlage bereits abgezogen.

Wenn wir nun den Preis pro Kilowattstunde wissen möchten, müssen wir den eingesetzten Betrag, also die 34,4 ct durch die Menge an Wärme, entsprechend 4 kWh teilen.

$$\frac{34{,}4\ \text{ct}}{4\ \text{kWh}} = 8{,}6\ \text{ct/kWh}$$

In Abhängigkeit der Jahresarbeitszahlen können wir nun den Arbeitspreis einer Wärmepumpe berechnen. Dabei wird der Strompreis als konstant angenommen. Demgegenüber stellen wir den Preis für Öl und Gas.

Wärmepumpe	**JAZ**	**Kosten pro 1 kWh Heizenergie**	**Heizkosten Öl Wirkungsgrad 85 %**	**Heizkosten Gas Wirkungsgrad 90 %**
Wasser-Wasser	4,5	7,64 ct	12,9 ct	13,6 ct
Sole-Wasser	4	8,6 ct		
Luft-Wasser	3,5	9,8 ct		
Luft-Luft	2,5	13,8 ct		

Anhand der Tabelle können wir erkennen, dass die Energiekosten für eine Kilowattstunde Wärmeenergie bei der Erzeugung aus einer Wärmepumpe günstiger sind als bei einer Öl- oder Gasheizung. Das liegt jedoch primär an den gestiegenen Energiepreisen. Wie bereits erwähnt, wird sich dieser Effekt jedoch nicht wieder umkehren, sondern sich zunehmend weiter ausprägen.

Zudem müssen wir beachten, dass auch insgesamt viel weniger Energie aufgebracht werden muss. Anhand dessen verstehen wir auch, warum Öl- und Gasheizungen von Klimaschützern strikt abgelehnt werden.

Eine Wärmepumpe spart, je nach Arbeitszahl, die 3,5-fache Energiemenge ein. Dass konventionelle Heizsysteme überhaupt konkurrenzfähig sind, liegt daran, dass Öl und Gas, bezogen auf die enthaltene Energie, immer noch preiswert sind.

Als Nächstes errechnen wir die gesamten laufenden Kosten für die Wärmepumpe.

Dafür müssen wir, je nach Wärmepumpen-Modell, die JAZ bzw. die Kosten pro Kilowattstunde Heizenergie hinzuziehen. Anschließend benötigen wir unseren jährlichen Verbrauch, den wir aufgrund von Erfahrungswerten oder vom Energieplaner erhalten. Wenn wir die beiden Zahlen miteinander multiplizieren, erhalten wir die laufenden Kosten.

Wir haben einen bisherigen Heizbedarf von 20.000 kWh (entspricht circa 2.000 m^3 Erdgas). Es wird eine Luft-Wasser-Wärmepumpe mit einer JAZ von 3,5 und entsprechend Heizkosten von 9,8 ct/kWh verwendet.

Die jährlichen Heizkosten belaufen sich auf

$$0{,}098 \frac{€}{\text{kWh}} \cdot 20.000 \text{ kWh} = 1960 €.$$

Als Vergleich kostet die gleiche Menge an Gas:

$$0{,}136 \frac{€}{\text{kWh}} \cdot 20.000 \text{ kWh} = 2720 €$$

Im Jahr 2020 lag der Gaspreis (inklusive Heizkesseleffizienz) noch bei 7,2 ct/kWh. Damals hätten wir nur

$$0{,}072 \frac{€}{\text{kWh}} \cdot 20.000 \text{ kWh} = 1440 € \text{ gezahlt.}$$

Bei Öl wäre die Rechnung analog.

Damals hätte sich eine Wärmepumpe mit einer JAZ von 3,5 wirtschaftlich **nicht ausgezahlt**. Selbst eine Sole-Wasser-Wärmepumpe mit einer Arbeitszahl von 4 wäre nicht wirtschaftlich gewesen. Es kommt demnach stark auf die aktuelle Preislage von Strom- und Gas- bzw. Ölpreis an.

Ökologische Betrachtung:

Aus wirtschaftlicher Sicht rentiert sich eine Wärmepumpe ab einer JAZ von 2,5. Dies kann faktisch jede Wärmepumpe erreichen. Aus ökologischer Sicht rentiert sie sich sogar noch deutlich früher. Dazu schauen wir uns die verschiedenen CO_2-Ausstößeder Primärenergieträger genauer an. Dieser liegt bei 270 g/kWh Primärenergie bei Öl und bei 200 g/kWh bei Gas. Wenn wir wiederum einen Kessel-Wirkungsgrad von 85 % für Öl, und 90 % für Gas annehmen, erhalten wir effektive CO_2-Ausstößevon 320 g/kWh für Öl und 220 g/kWh bei Gas.

Und wie sieht es jetzt bei Wärmepumpen aus? Das hängt vom Strommix ab. Der aktuelle Strommix in Deutschland stößt pro erzeugte Kilowattstunde circa 370 g/kWh aus.

Das ist mehr als Öl oder Gas, was jedoch nicht bedeutsam ist, schließlich handelt es sich hier um die **elektrische Leistung**, nicht um die Heizleistung. Um auf die Heizenergie zu gelangen, muss der Wert durch die JAZ geteilt werden. Bei einer JAZ von 3,5 wären es 110 g/kWh anstatt der 370 g/kWh und damit deutlich weniger als Öl oder Gas. Wir müssen schließlich „Äpfeln mit Äpfeln vergleichen".

Der CO_2-Ausstoßeiner Wärmepumpe pro Kilowattstunde Heizenergie hängt von der JAZ ab und wird im Folgenden graphisch dargestellt.

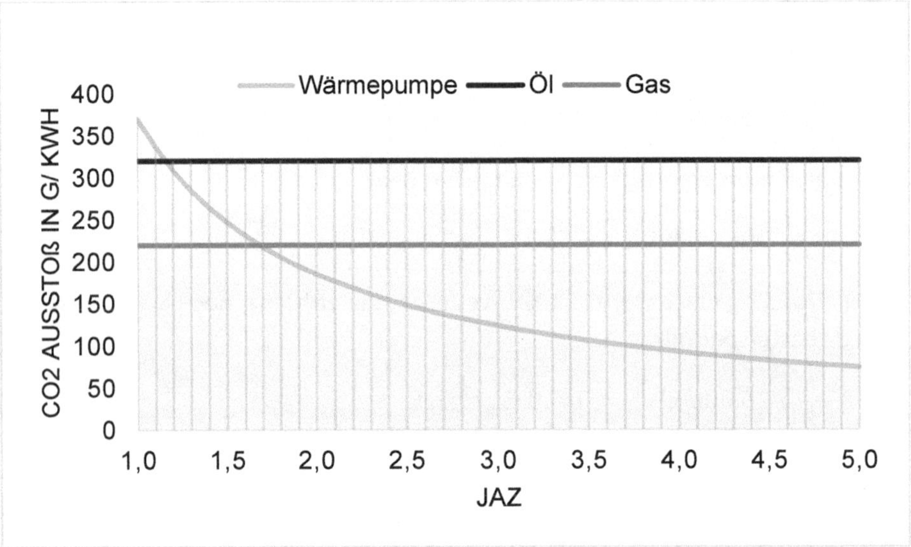

Abbildung 49 CO_2 Ausstoß in Abhängigkeit der JAZ

Die CO_2-Bilanz einer Wärmepumpe ist demnach bereits bei einer JAZ von 1,2 besser als die einer Ölheizung und bei einer JAZ von 1,7 besser als die einer Gasheizung. Zudem wird der Strommix Jahr für Jahr grüner. Das bedeutet, dass dadurch auch die CO_2-Bilanzder Wärmepumpe weiterhin verbessert wird. Wenn man die Wärmepumpe zusätzlich mit einer eigenen Photovoltaikanlage betreibt, sinkt der CO_2-Ausstoßweiter.

Abbildung 50 Der Gas- und Heizölverbrauch in Deutschland ist für knapp ein Drittel der CO_2-Emissionenverantwortlich.

Aus ökologischer Sicht ist der Betrieb einer Wärmepumpe ausnahmslos sinnvoll.

Je nach JAZ und Energiepreise sind zudem die laufenden Kosten einer Wärmepumpe deutlich günstiger als die einer Öl- oder Gastherme. Doch ob sich eine Wärmepumpe in ihrer Lebenszeit wirtschaftlich amortisiert, hängt neben den laufenden Kosten auch von den Anschaffungskosten ab. Diese sind bei Wärmepumpen, trotz Förderung, noch vergleichsweise hoch und damit nicht zu vernachlässigen.

5.5 Kostenvergleich Gas, Öl, Wärmepumpe

Eine Wärmepumpe beginnt häufig bei einem fünfstelligen Betrag. Dazu kommen die Kosten für die Installation und ggf. Erdarbeiten, Genehmigungsverfahren und mehr. Dabei ergeben sich Werte im Bereich von 15.000 € bis 45.000 €, je nachdem, welche Ausführung verbaut wird. Denn wie wir gesehen haben, sind Erdreich-Wasser-Wärmepumpen mit deutlich mehr Kosten verbunden als eine Luft-Wasser-Wärmepumpe.

Wenn wir ein konkretes Angebot von einem Heizungsinstallateur erhalten haben, können wir die Wirtschaftlichkeit der angebotenen Anlage überprüfen. Dabei gehen wir von einer Förderung von 35 % aus. Das bedeutet, dass wir nicht davon ausgehen, dass eine bereits bestehende Ölheizung ersetzt wird. In diesem Fall wären es sogar 45 %.

Um die Amortisationszeit einer Wärmepumpe abzuschätzen, müssen wir den Mehrpreis nach Förderung im Vergleich zu anderen Heizungssystemen ermitteln.

Ein Altbau wird saniert. Es ist eine Gasheizung verbaut, die ihren Geist aufgegeben hat. Eine neue Gasheizung inklusive Einbau kostet circa 6.000 €. Eine vergleichbare Wärmepumpe der gleichen Leistungsklasse kostet 15.000 €, nach 35-prozentiger Förderung circa 9700 €. Die Mehrkosten belaufen sich auf 3.700 €.

Die Mehrkosten muss die Wärmepumpe innerhalb ihrer Lebenszeit wieder einsparen. Die Lebenszeit wird dabei mit mindestens 20 Jahren angenommen. Die tatsächliche Lebenszeit liegt eher im Bereich von 25 bis hin zu 50 Jahren.

Anhand der laufenden Kosten können wir die Amortisationszeit berechnen. Bei den laufenden Kosten einer Luft-Wasser-Wärmepumpe lagen wir bei 1.960 €, bei Gas aktuell bei 2.720 €. Die Ersparnis ist rund 760 €. Das bedeutet in der Lebenszeit von 20 Jahren spart die Wärmepumpe

$$20\ \text{Jahre} \cdot 760\,\frac{€}{\text{Jahr}} = \mathbf{15.200}\ €.$$

Das liegt weit über den Mehrkosten von 3.700 €. Dazu entfallen 50 € jährlich für einen Schornsteinfeger. Über 20 Jahre sind das zusätzlich 1.000 €.

Die Amortisationszeit ergibt sich dabei zu:

$$\frac{3700\ €}{760\,\frac{€}{\text{Jahr}}} = 4{,}87\ Jahre$$

Selbst wenn die Wärmepumpe nach der Förderung 10.000 € mehr gekostet hätte, würde sie sich immer noch rentieren. Bei dem Beispiel wurde ein Verbrauch von 20.000 kWh angenommen. Für einen beliebigen Verbrauch müssen die folgenden Schritte berechnet werden.

Bei dem konkreten Beispiel muss erwähnt werden, dass auch Gasthermen teilweise gefördert werden. Dabei müssen jedoch oftmals noch andere Maßnahmen getroffen, beispielsweise eine Solarthermieanlage verbaut werden. Zudem sind die Förderungen geringer und werden zukünftig immer weiter abgebaut.

5.6 Zusammenfassung der Wirtschaftlichkeitsberechnung

Laufende Kosten Gas (oder Öl) und laufende Kosten Wärmepumpe:

$$\text{Gas : Gaskosten pro kWh} \cdot \text{Jahresverbrauch} \cdot \text{Gasbrennereffizienz}$$

$$\text{Öl : Ölkosten pro kWh} \cdot \text{Jahresverbrauch} \cdot \text{Ölbrennereffizienz}$$

$$\text{WP : } \frac{\text{Stromkosten pro kWh}}{\text{Jahresarbeitszahl}} \cdot \text{Jahresverbrauch}$$

Mehrkosten Wärmepumpe:

Kosten der Wärmepumpe nach Förderung **minus** Kosten der Gas- oder Öl-Therme

Ersparnis über 20 Jahre:

$$\text{Mehrkosten} - 20 \cdot (\text{Laufende Kosten Öl oder Gas} - \text{laufende Kosten WP})$$

Amortisationszeit der Wärmepumpe:

$$\frac{\text{Mehrkosten WP}}{\text{Laufende Kosten Öl oder Gas} - \text{laufende Kosten WP}}$$

Wenn noch ein Bestandsvertrag mit dem Energieversorger vorhanden ist, können die Berechnungen auch einen **negativen Wert** aufweisen. Dann rentiert sich eine Wärmepumpe wirtschaftlich nicht. Falls so ein Vertrag vorhanden ist, ist jedoch davon auszugehen, dass er in den kommenden Monaten oder Jahren auf einen üblichen Wert angehoben werden wird.

Streng genommen ist die Frage über die Wirtschaftlichkeit der Anlagen ohne Mehrwert. Ölheizungen dürfen bereits zum Teil nicht mehr verbaut werden, auch Gasthemen stehen als Nächstes im Fadenkreuz der Politik. Die Energiewende kann nur mit Wärmepumpen (und zum Teil mit Holzheizungen) funktionieren.

Bei einem Neubau oder einer Heizungserneuerung keine Wärmepumpe einzubauen, wäre ein langfristiger Fehler. Selbst wenn man heute ein paar Hundert oder sogar Tausend Euro mehr investieren muss, wird sich eine Wärmepumpe langfristig auszahlen.

In 10 bis 20 Jahren werden Wärmepumpen Stand der Technik sein. Wir sehen bereits heute, dass Gasheizungen den Wert eines Hauses, im Vergleich zu einer Ölheizung, steigern. So verhält sich ebenfalls der Einbau einer Wärmepumpe. Die Wärmepumpe steigert den Wert der Immobilie, bereits für die Zukunft. In jedem Fall ist eine Wärmepumpe eine sinnvolle Investition und durch zinsgünstige Darlehen und großzügige Förderungen gibt es heutzutage keine validen Argumente, den Einbau einer Wärmepumpe nicht in Betracht zu ziehen.

5.7 Wärmepumpentarif

Der Strompreis spielt bei der Nutzung einer Wärmepumpe eine bedeutende Rolle für die Wirtschaftlichkeit. Wenn man sich weitergehender mit den Stromtarifen auseinandersetzt, stößt man unweigerlich auf die Bezeichnung eines **Wärmepumpentarifs**.

Dabei handelt es sich um einen getrennten Stromtarif, den Energieversorger anbieten. Damit kann der erhebliche Mehrbedarf an elektrischer Energie günstiger als mit einem normalen Stromtarif gedeckt werden.

Die Kosten pro Kilowattstunde liegen meist 20 bis 30 % unter dem gewöhnlichen Strompreis.

Da stellt man sich selbstverständlich die Frage, warum der Energiebetreiber solch einen lukrativen Tarif anbietet. Wie immer gibt es auch hier eine Kehrseite. Denn eine Wärmepumpe benötigt teilweise sehr viel Energie. Um die Netzstabilität gewährleisten zu können, ist es aus Sicht des Energieversorgers sinnvoll, diese großen Verbraucher abzuschalten, wenn zu wenig Energie im Stromnetz vorhanden ist.

Deshalb räumt sich der Strombetreiber bei einem Wärmetarif das Recht ein, die Wärmepumpe in Spitzenlastzeiten für eine bestimmte Zeit abschalten zu können. Diese **Sperrzeiten** sind vertraglich festgehalten.

Realisiert wird die Fernabschaltung über einen **Rundsteuerempfänger RSE**, wie er auch bei großen Photovoltaikanlagen zum Einsatz kommt. Das bedeutet nicht, dass die Wärmepumpe stets abgeschaltet wird, sondern lediglich, falls eine Lastspitze auftritt. Zudem sind die Sperrzeiten meist auf zwei Stunden pro Tag begrenzt.

Für Wärmepumpenbetreiber kann ein Wärmepumpentarif lukrativ sein. Jedoch kommen beim Abschließen eines Wärmepumpentarifs einige Mehrkosten auf uns zu. Zum einen muss der Verbrauch der Wärmepumpe separat erfasst werden. Dazu wird ein zusätzlicher Zähler im Elektronik-Schaltschrank verbaut. Damit sind insgesamt zwei Zählerplätze im Schaltschrank notwendig. Ein Zähler für die Wärmepumpe und ein weiterer Zähler für den restlichen Stromverbrauch. Wenn zusätzlich ein Einspeisezähler für eine Photovoltaikanlage vorhanden ist, kann der Platz im Zählerschrank schnell an sein Limit kommen. Dann müsste ein größerer Zählerschrank oder eine Erweiterung eingebaut werden.

Alternativ zu zwei getrennten Zählern verbauen einige Energieversorger sogenannte Doppeltarifzähler. Diese haben neben der Platzersparnis auch den Vorteil, dass sich die Miete für die Zähler, die im Bereich von 20 € pro Zähler liegt, halbiert. Dafür müssen die Kosten für den Rundsteuerempfänger eingeplantwerden. Diese liegen im Bereich von 300 bis 600 €. Zudem ist es meistens sinnvoll, bei einem Wärmepumpentarif einen Pufferspeicher für das Heizwasser mit einzuplanen oder den geplanten Pufferspeicher größer zu dimensionieren. Denn wir müssen auch in der kältesten Jahreszeit die zwei Stunden Sperrzeit pro Tag überbrücken können.

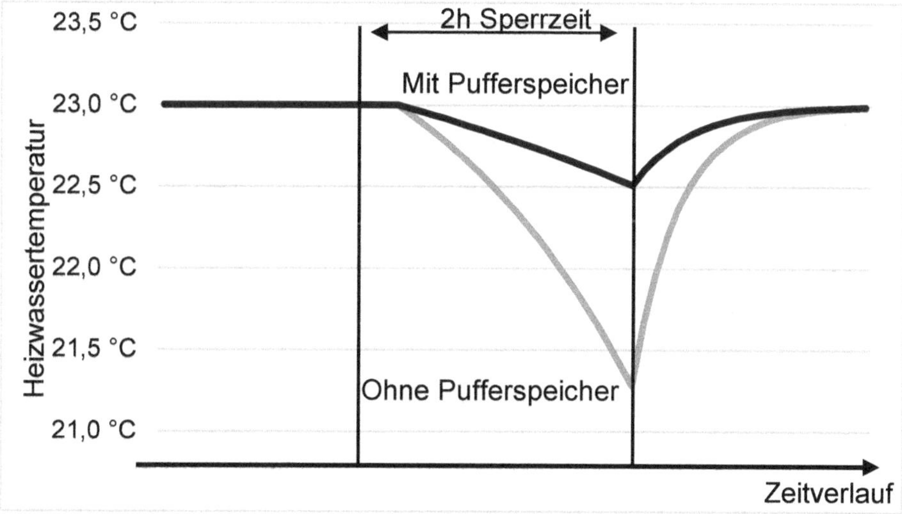

Abbildung 51 Temperaturverlauf bei Abschaltung der WP ohne und mit Pufferspeicher

All diese Mehrkosten müssen in der Abwägung eines Wärmepumpentarifs mitberücksichtigt werden. Je geringer der Energiebedarf ist, umso weniger rentiert sich in der Regel solch ein Tarif. In Verbindung mit einer Photovoltaikanlage und dem damit weiter sinkenden Energiebedarf rentieren sich Wärmepumpentarife meist kaum. Wie immer kann es sich in Ausnahmefällen dennoch rechnen, deshalb sollte man sich die Zeit nehmen und sich nach dem aktuellen Tarif beim Stromversorger erkundigen.

Damit beenden wir die Wirtschaftlichkeitsbetrachtung der Wärmepumpe. Im späteren werden wir die Wirtschaftlichkeit an einem konkreten Fallbeispiel durchrechnen.

6 Umsetzung

Als Nächstes geht es einmal darum, einen Heizungsfachbetrieb aufzusuchen und uns ein Angebot für eine Wärmepumpe einzuholen. Dabei gibt es deutlich mehr zu beachten, als man auf den ersten Blick denken mag.

6.1 Angebote einholen und vergleichen

Nachdem man den Heizungsfachmann seines Vertrauens gefunden hat, folgt in der Regel ein Erstgespräch.

In diesem wird der Betrieb die wichtigsten Eckdaten, die zur Auslegung einer Wärmepumpe notwendig, sind abfragen.

Alternativ bieten viele Fachbetriebe, aber auch Hersteller von Wärmepumpen diverse Tools, wie einen Online-Heizlastrechner, an. Dort können wir unsere Daten eintragen und erhalten einen Vorschlag für eine passende Wärmepumpe.

Unabhängig davon sollten wir uns zuvor von einem Energieberater beraten lassen. Heizungsfachleute haben zwar Expertise in ihrem Fachgebiet, jedoch bieten beispielsweise eine Heizlastberechnung nur die wenigsten Heizungsinstallateure an.

Es empfiehlt sich in den meisten Fällen, auch den Heizungsfachmann selbst zu fragen, ob er einen Energieberater empfehlen kann oder mit einem zusammenarbeitet.

Seit einigen Jahren, auch bedingt durch die Förderungen, boomt der Wärmepumpenmarkt. Deshalb haben viele neue Betriebe das Themenfeld für sich entdeckt. Wir möchten diesen Betrieben unter keinen Umständen die Expertise absprechen. Dennoch ist das Feld der Wärmepumpen ein komplexes Themengebiet, bei dem es viel Erfahrung und Knowhow benötigt. Selbst renommierte Forschungseinrichtungen, wie das *Fraunhofer Institut,* haben in mehreren Studien festgestellt, dass die meisten Ausfälle bei Wärmepumpen nicht der Technik, sondern der Installation geschuldet sind.

„Ich rate lieber zu einer mittelmäßigen Wärmepumpe und einem Top-Installateur, der Erfahrung hat [...], als zu einer Top-Wärmepumpe und einem mittelmäßigen Installateur, der das Potenzial einer sehr guten Wärmepumpe sehr schnell verspielen kann."

Dr. Marek Miara im Interview mit dem NDR-Ratgeber Thema Wärmepumpen vom 03.05.2021

Gründe für dieses Dilemma liegen meist nicht einmal bei den Betrieben selbst, sondern an dem Fachkräftemangel und der fehlenden Zeit, die Mitarbeiter ausreichend zu schulen.

Als Kunde müssen wir deshalb darauf achten, dass wir einen Heizungsbetrieb mit Erfahrung im Wärmepumpenbereich ausfindig machen. Auch beim Angebot müssen wir auf einige Punkte achten. Dazu gehört in erster Linie eine individuelle Beratung.

Was sind die Ziele der Anlage? Ist eine Sole- oder Wasser-Wärmepumpe möglich? Wann wurde das Gebäude gebaut? Wurden Sanierungen vorgenommen? Ist eine Fußbodenheizung vorhanden? Wurde ein Energieberater aufgesucht? Liegt ein Verbrauchsausweis vor? Ist eine Photovoltaik vorhanden?

Es gibt verschiedene Wärmepumpenhersteller wie **Viessmann, LG, Mitsubishi, Nibe, Hoval, Lambda, Daikin, Vaillant** und viele mehr. Einige konzentrieren sich auf Spezialeinsatzgebiete, wie Hochtemperaturwärmepumpen. Oftmals werden auch Wärmepumpen mit integriertem Pufferspeicher angeboten.

Wenn ein Heizungsfachmann ein Angebot für eine Wärmepumpe zukommen lässt, ohne diese wichtigen Fragen gestellt zu haben, sollte man unbedingt Abstand halten und das Angebot höchstens zur Wärmeerzeugung in den Kamin werfen.

Es ist unmöglich, eine Wärmepumpe „von der Stange" zu verkaufen. Selbstverständlich kann ein Heizungsbetrieb nur eine eingeschränkte Produktpalette anbieten, jedoch macht das die individuelle Befragung nicht weniger wichtig.

Oftmals werden wegen der leichteren Installation für den Heizungsfachmann auch nur Luft-Wärmepumpen angeboten.

Was jedoch durchaus üblich ist, dass der Heizungsfachmann das Gebäude nicht mehr vor Ort begutachten muss. Das Ausfüllen eines Online-Fragebogens ist zur gängigen Praxis geworden. Oftmals werden zusätzliche Bilder von dem Heizungsraum, dem Außenbereich oder der Gebäudehülle benötigt. Wenn der Heizungsinstallateur alle Daten aufgenommen hat, erhalten wir ein unverbindliches Angebot.

Um bestimmen zu können, ob wir ein gutes Angebot erhalten, befassen wir uns zunächst mit dem Preis. Wie immer gilt hier, dass Konkurrenz den Markt belebt.

Dabei können die Preise für Anlagen zwischen verschiedenen Anbietern erheblich schwanken. Deshalb sollte man sich immer Angebote von **mehreren, verschiedenen Unternehmen** einholen. Dabei gilt, dass die Vergleichbarkeit der Angebote gegeben sein muss. Das bedeutet, dass beispielsweise jedes Angebot die gleiche Leistung der Wärmepumpe abdeckt.

Aus Fairness den Heizungsfachbetrieben und dem gesamten Markt gegenüber sollte man sich keine zehn Angebote einholen. Zwei bis maximal fünf reichen bei Weitem aus. Schließlich werden dadurch unnötig Ressourcen besetzt, welche anderweitig dringend benötigt werden.

Wenn wir ein Angebot erhalten haben, müssen wir dieses gründlich lesen. Denn wenn wir es annehmen, wird ein verpflichtender Vertrag daraus. Deshalb sollte alles bis ins kleinste Detail so aufgelistet sein, wie wir es möchten. Dabei darf man sich nicht scheuen, auch Kleinigkeiten ändern zu lassen.

Als Beispiel kann es sein, dass ein weißer Pufferspeicher anstatt eines silbernen bevorzugt wird und dies auch mündlich zugesichert wurde. Auf dem Angebot ist diese „Banalität" jedoch nicht oder nicht eindeutig vermerkt, beispielsweise ist nur die Bemerkung „andere Farbe" vermerkt.

Es kann immer einmal dazu kommen, dass etwas falsch übernommen wurde.

Die **mündliche Zusage** des Vertreters hat im Streitfall **kein Gewicht**. Deshalb gilt hier das gleiche Prinzip, wie bei jedem rechtswirksamen Vertrag. Alles muss eindeutig festgehalten werden, zum Wohl des Auftraggebers, aber auch zum Wohl der beauftragten Firma. Dabei gilt es konkret darauf zu achten, welche Produkte verbaut werden, inklusive eindeutiger Typenbezeichnung, Leistungs- und Qualitätsanlagen sowie Gewährleistungs- und Garantieansprüchen. Die meisten Wärmepumpenhersteller bieten beispielsweise 10 bis 15 Jahre Garantie auf ihre Produkte an, die gegen einen Aufpreis noch einmal verlängert werden kann.

Falls nicht eindeutig klar ist, welches Gerät aufgelistet ist, sollte man nachfragen und sich ggf. die Datenblätter des Geräts geben lassen.

Neben den Kosten und der Qualität der Bauteile muss auch die konkrete Abwicklung aufgeführt werden. Dazu gehören die Termine bzw. die Dauer der einzelnen Baumaßnahmen sowie die Inbetriebnahme der Anlage. Auch die Anmeldung eventueller Förderungen, Anträge beim Bauamt oder bei der KfW müssen determiniert werden. In diesem Zug müssen ebenfalls Zertifikate und Nachweise beiliegen, welche beispielsweise für den Antrag bei der KfW notwendig sind.

Auch Gewährleistungsfristen für die Baumaßnahmen müssen aufgegliedert sein.

Am Ende eines Angebots stehen häufig die allgemeinen Geschäftsbedingungen. Auch diese gilt es zu lesen, da sie Teil des Vertrags werden.

Als letzten Punkt sollten die Zahlungstermine klar definiert sein. Häufig verlangen Fachbetriebe eine Anzahlung zum Bestellen der Materialien. Dabei sollte man die Materialkosten, welche im Bereich von 60 bis 70 % der Gesamtsumme liegen, erst bezahlen, wenn die Materialien auf der Baustelle eingetroffen sind. Ansonsten hat die beauftragte Firma keinen Anreiz mehr, die Materialien schnellstmöglich zu beschaffen. Vor allem in Zeiten der Rohstoffknappheit und verknappter Lieferketten ist es wichtig, nicht in Vorleistung zu gehen. Im schlimmsten Fall wartet man mehrere Monate auf seine Materialien.

Unseriöse Firmen nehmen bewusst übermäßig viele Aufträge an. Die Kunden können nach einer Anzahlung nicht mehr abspringen, auch wenn sich die Umsetzung anschließend um Monate verzögert.

Allgemein ist das nicht die feine Art, jedoch oftmals Realität, sowohl bei Heizungsfachmännern als auch bei anderen Gewerken. Deshalb muss man sich dem immer bewusst sein. Wir gehen nun davon aus, dass wir uns für ein Angebot entschieden haben. Wie wird die Wärmepumpe verbaut? Was gibt es zu beachten, um „Pfusch" zu erkennen?

6.2 Montage und Inbetriebnahme

Die Montage einer Wärmepumpe ist sehr davon abhängig, ob eine Sole-, eine Wasser- oder eine Luft-Wasser-Wärmepumpe Verwendung findet.

Bei Sole- und Wasser-Wasser-Wärmepumpen sind zusätzliche Erdarbeiten notwendig. Diese sollten nicht unterschätzt werden. Bei einer Erdwärme-Wasser-Wärmepumpe (Sole-Wasser-Wärmepumpe) mit einem Flächenkollektor kann als Daumenrichtwert die zweifache beheizte Fläche ausgegraben werden. Bei einem Einfamilienhaus mit 150 m^2 Heizfläche sind das entsprechend 300 m^2 Bodenfläche, die im Garten ausgegraben werden müssen. Bei einer Tiefe von ein bis zwei Meter kommen dabei schnell 200 m^3 komprimiertes Erdmaterial zusammen. Die Fläche muss dabei jedoch nicht zusammenhängend sein. Beispielsweise können das Erdreich für die Schleifen teilweise vor und teilweise hinter dem Gebäude ausgehoben werden. Dabei werden die Leitungen jedoch etwas länger und der Verlegeaufwand entsprechend teurer.

Die Erde wird anschließend zum größten Teil wieder aufgeschüttet, und das bedeutet selbstverständlich nicht, dass wir deswegen keine Erdreich-Wärmepumpe verbauen sollten. Dennoch müssen wir uns des Aufwands bewusst sein.

Dasselbe gilt für die Brunnenbohrungen bei einer Wasser-Wasser-Wärmepumpe.

Nachdem die Schleifen für die Erdwärmepumpe vergraben wurden, sollten auf der Oberfläche darüber keine tief wurzelnden Sträucher oder gar Bäume gepflanzt werden. Die sich ausbreitenden Wurzeln könnten die Sole-Schleifen beschädigen. Gewöhnlicher Rasen, beispielsweise Rollrasen, eignet sich hingegen bestens, um die Fläche über dem Flächenkollektor zu begrünen.

Bei der Montage des häufigsten Wärmepumpentyps, der Luft-Wasser-Wärmepumpe, ist bei der Auswahl des Standortes einiges zu beachten. Zunächst ist ein Abstand von 3 m zu den umgebenden Grundstücken einzuhalten. Oftmals empfiehlt es sich, deutlich mehr Abstand zu halten, um kein Unbehagen bei den angrenzenden Nachbarn auszulösen. Vor 10 Jahren war die Schallemission bei Wärmepumpen ein großer Negativpunkt. Die Wärmepumpen sind heutzutage jedoch so leise geworden, dass man die Geräusche kaum wahrnehmen kann. Moderne Wärmepumpen verursachen Lüftungsgeräusche im Bereich von circa 60 Dezibel (dB). In 10 Metern Entfernung sind es bereits nur noch 30 dB. 30 dB sind vergleichbar mit den eigenen Atemgeräuschen.

Dennoch zeigt die Erfahrung, dass das Vorurteil der „lauten Wärmepumpe" vor allem bei älteren Generationen noch weit verbreitet ist, sodass einige Nachbarn meinen, selbst von ausgeschalteten Wärmepumpen belästigt zu werden.

Bei einer kritischen Bebauungssituation kann bereits ein leises Rauschen zur Lärmbelästigung führen. Beispielsweise, wenn die Außeneinheit direkt in Richtung der Terrasse des Nachbarn bläst und die Schallwellen durch angrenzende Wände reflektiert und dadurch verstärkt werden.

In solch einem Fall sollten wir vorsichtshalber eine **Lärmmessung** bzw. eine **Lärm-Pegel-Messung** durchzuführen. Diese Messung bietet zwar keine Rechtssicherheit, reicht jedoch oftmals aus, um abzuschätzen, ob zusätzliche Lärmschutzmaßnahmen notwendig sind. Der gemessene Schall sollte dabei mindestens 6 bis 10 dB unter den Grenzwerten liegen.

Der deutsche Wärmepumpenverband bietet zur Einschätzung einen Online-Schallrechner an.

Unter _https://www.waermepumpe.de/schallrechner/_ kann das Modell und der Aufstellort eingegeben werden. Anschließend wird eine Auswertung über eine mögliche Lärmbelastung nach der **Technische Anleitung zum Schutz gegen Lärm**, kurz **TA Lärm** errechnet.

6. Ergebnis

Der Immissionsrichtwert wird sowohl im Tag- als auch im Nachtbetrieb um mindestens 6 dB(A) unterschritten. Die Anlage ist nicht relevant nach TA Lärm 3.2.1. ?

Tagbetrieb

Beurteilungspegel Lr: 46.5 dB(A)

✓Unterschreitung des Immissionsrichtwertes der TA Lärm um 8.5 **dB(A)**.

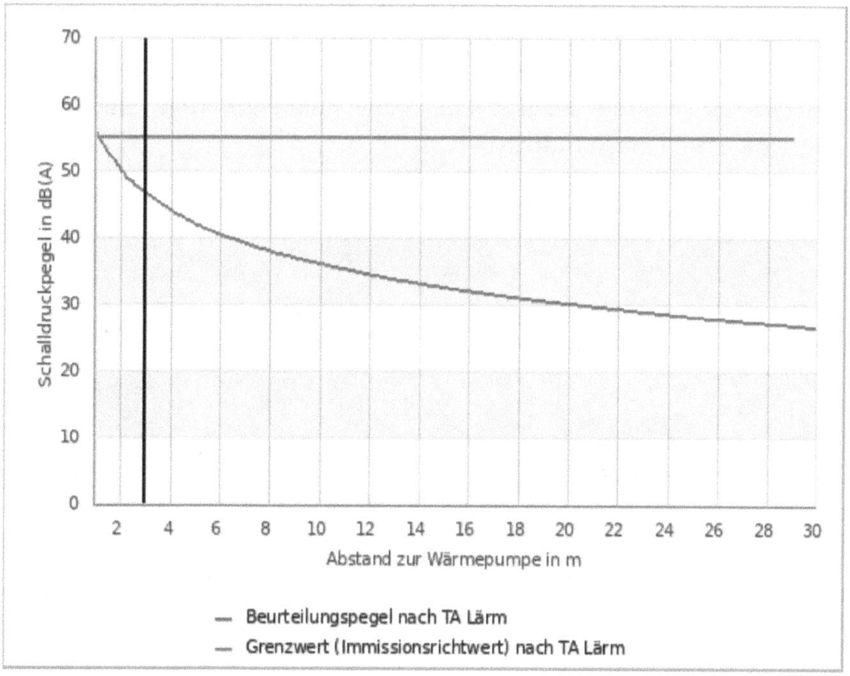

Abbildung 52 Beurteilung nach TA Lärm (https://www.waermepumpe.de/schallrechner/)

Bereits bei der Planung können diese Probleme vermieden werden, indem der Aufstellort und das Modell entsprechend anhand der Geräuschsituation ausgewählt werden.

Neben den humanen Faktoren gibt es auch einige technische Aspekte zu beachten. So sollte die Wärmepumpe nicht zu nahe an den Wänden montiert werden, da sonst der Luftstrom gestört wird und die Effizienz abnimmt. Oftmals reicht dabei bereits ein Abstand von 50 cm. Nähere Angaben findet man in der Montageanleitung des Herstellers.

Oftmals gibt es Überlegungen, die Wärmepumpe an einen besonders „warmen" Ort, beispielsweise auf der Sonnenseite, zu platzieren. Dort ist die Luft im Schnitt wärmer und die Wärmepumpe kann effizienter arbeiten. Prinzipiell ist das ein valider Punkt, doch diese Effekte fallen in der Realität kaum ins Gewicht. Eine Wärmepumpe kann mehrere tausend Kubikmeter Luft pro Stunde ansaugen, die verhältnismäßig kleinen Wärmeunterschiede werden von anderen Faktoren wie einem besseren Luftstrom überschattet.

Bei der Entfernung der Wärmepumpe zum Haus geben die meisten Hersteller eine maximale Kältemittel-Schlauchlänge von 15 m an. Einige Geräte können sogar mit 30 m Schlauchlänge verwendet werden. Die Isolierung der Rohre ist dabei so gut, dass es in der Realität kaum einen nennenswerten Temperaturabfall vom Verdampfer zum Kompressor gibt.

Abbildung 53 Die korrekte Montage kann die Effizienz maßgeblich beeinflussen.

Unabhängig vom Wärmepumpentyp werden anschließend Löcher in die Gebäudehülle gebohrt, um die Schläuche von der Außeneinheit zur Inneneinheit zu führen. In der Inneneinheit sitzt der Kondensator, bei einigen Ausführungen auch der Verdichter, bei Wasser-Wasser-Wärmepumpen sogar die gesamte Elektronik und Mechanik. Wenn der Verdichter oder die gesamte Elektronik in der Außeneinheit verbaut ist, wird zusätzlich ein Stromkabel und ggf. ein Datenkabel ausgeführt. Dabei ist darauf zu achten, dass die Stromkabel einen ausreichend großen Durchmesser besitzen, um die Stromtragfähigkeit zu gewährleisten.

Anschließend ist penibel darauf zu achten, dass die Durchführungen durch die Gebäudehülle wieder versiegelt werden. Schon eine kleine Nachlässigkeit kann zu Kondensation und damit zu Schimmel führen.

Ebenso müssen alle Anschlüsse, beispielsweise die Anschlüsse der Kältemittelleitungen an die Außeneinheit der Wärmepumpe lückenlos isoliert werden. Oftmals sind dafür bei der Wärmepumpe bereits passende Isolationsvorrichtungen enthalten.

Bevor die Außeneinheit einer Luft-Wasser-Wärmepumpe verbaut wird, muss ein Fundament festgelegt sein. Dazu kann entweder die verschlossene Fläche verwendet oder ein zusätzlicher Betonsockel gegossen werden. In die Außenplatte wird zudem ein Rohr, welches zum Ablauf des Kondenswassers vorgesehen ist, eingebaut. Die Kondenswasserbildung haben wir bereits kennengelernt. Diese entsteht bei Minusgraden, wenn die Wärmepumpe regelmäßig Auftauzyklen fahren muss, um die Lamellen zu enteisen.

Die Außeneinheit wird anschließend geräuschentkoppelt, damit keine Schwingungen an den Untergrund und das Erdreich weitergegeben werden können.

Bei einer Wärmepumpe ist stets eine Montageanleitung dabei. Dort sind alle wichtigen Punkte aufgeführt, beispielsweise, wie groß die Sicherheitsabstände der Außeneinheit von einer Wand sein müssen, um einen problemlosen Luftstrom gewährleisten zu können. Es empfiehlt sich, diese Montageanleitung durchzublättern. Wenn sie bei Lieferung der Wärmepumpe nicht enthalten war, kann sie auch auf der Homepage des Herstellers eingesehen werden. Bei Wärmepumpen muss, wie bei jedem wassergeführten System, ein **hydraulischer Abgleich** stattfinden.

Jeder Heizkörper besitzt eine andere Entfernung zur Umwälzpumpe. Dadurch ist der Durchfluss der einzelnen Heizkörper ungleichmäßig. Zudem muss jeder einzelne Raum mit unterschiedlich viel Wärme versorgt werden und die Heizkörper fallen oftmals ebenfalls unterschiedlich aus. Als Resultat arbeitet die Umwälzpumpe des Heizkreislaufes übermäßig stark, um auch den Durchfluss des „schwächsten" Heizkörpers sicherzustellen. Dadurch ist der gesamte Heizkreislauf ineffizient. Im schlimmsten Fall bleiben einzelne Heizkörper oder Räume kalt.

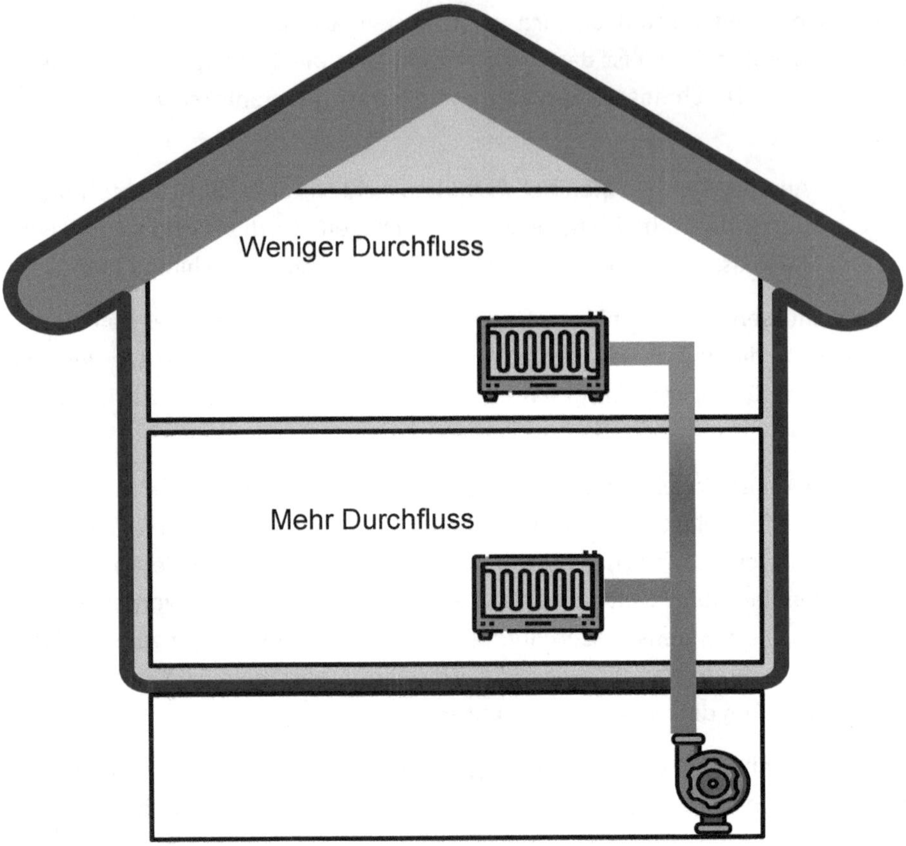

Abbildung 54 Problemstellung des ungleichmäßigen Durchflusses

Bei einem hydraulischen Abgleich werden die einzelnen Durchflüsse anhand des Heizkörpers und des Heizbedarfs ermittelt und die Heizkörper optimal eingestellt. Vor allem beim Wechsel des Heizsystems ist ein hydraulischer Abgleich obligatorisch. Er ist auch notwendige Bedingung, wenn man Fördermittel in Anspruch nehmen möchte.

Zudem müssen die Heizkörper entlüftet werden. Das ist notwendig, damit die einzelnen Heizkörper gleichmäßig Wärme erhalten. Ansonsten sind einige Heizkörper auf voller Temperatur, während höher gelegene Heizkörper lau bleiben. Bei niedrigen Vorlauftemperaturen ist das umso wichtiger.

Nachdem die Wärmepumpe montiert wurde, folgt die elektrische Verkabelung.

6.3 Elektrischer Anschluss der Wärmepumpe

Beim Anschluss der Wärmepumpe an das Stromnetz gibt es einige Dinge zu beachten. Wenn ein Wärmepumpentarif bezogen wird, muss ein weiterer Stromzähler eingebaut werden. Falls das nicht der Fall ist, kann der Fachbetrieb die Wärmepumpe hinter den Hauptzähler anschließen.

Abbildung 55 Beispielverkabelung eines Schaltschranks im Neubau

Ein zusätzlicher **Fehlerstromschutzschalter** (FI-Schutz) ist beim Einbau einer Wärmepumpe nicht immer notwendig, da eine Wärmepumpe als festverbaute Maschine gilt. Es gibt jedoch auch Bundesländer, in denen der Einbau eines FI-Schutzes vorgeschrieben ist. Auch die Hersteller der Wärmepumpen empfehlen den Einbau eines Fehlerschutzschalters. Die Elektrofachkraft, welche die Wärmepumpe anschließt, ist in aller Regel über den aktuellen Stand der Regeln bzw. Normen informiert.

Neben einem optionalen Stromzähler und einem FI-Schutzschalter, kann es häufig Sinn ergeben, intelligente Messeinrichtungen, sogenannte **Smart Meter**, zu verbauen. Vor allem in Kombination mit einer Photovoltaikanlage können die Geräte dabei miteinander kommunizieren. Zusätzlich verfügen Wärmepumpen häufig über eine Daten-Schnittstelle. Dabei wird von der Außeneinheit der Wärmepumpe neben dem Stromkabel ein zusätzliches Datenkabel ins Haus geführt. Dieses kann beispielsweise mit dem Wechselrichter der Photovoltaikanlage kommunizieren. Falls bereits eine Photovoltaikanlage bzw. ein Wechselrichter mit dieser Möglichkeit vorhanden ist, müssen wir mit dem Heizungsfachmann abklären, ob er Erfahrung hat, die Komponenten zu verkabeln.

Neben diesen Besonderheiten gelten die gängigen Regeln der Installation von Elektronikgeräten, wie die fünf Sicherheitsregeln der Elektrotechnik (Freischalten, gegen Wiedereinschalten sichern, etc.) sowie eine zureichende Absicherung der Geräte.

Insgesamt ist der Installationsaufwand überschaubar. Je nach Marktlage und Aufwand werden für die Installation jedoch 5.000 bis 15.000 € verlangt. Da stellt sich die Frage, ob es nicht auch möglich ist, die Wärmepumpe selbst zu kaufen und anzuschließen und dadurch eine Menge Geld zu sparen.

6.4 Kosten sparen und selbst installieren?

Die Montage der Anlage ist ein großer Kostenblock. Deshalb spielen viele mit dem Gedanken, die Installation der Anlage selbst in die Hand zu nehmen, um einige tausend Euro zu sparen.

Zunächst klingt das nach einer legitimen Idee, in der Praxis gestaltet sich die Selbstmontage meist jedoch deutlich komplexer als zunächst angenommen.

Um das Fazit vorwegzunehmen sei gesagt, dass generell in den meisten Fällen der Selbstplanung, Installation und der Inbetriebnahme abzuraten ist. Sowohl aus technischer als auch aus rechtlicher Sicht kann sich die Eigenumsetzung schwer gestalten. Dennoch schauen wir uns an, unter welchen Umständen es sinnvoll sein kann.

Die Wärmepumpe ist im besten Fall für eine Lebensdauer von über 30 Jahren vorgesehen. Deshalb muss sowohl die Innen- als auch Außeneinheit fachgerecht montiert werden. Bereits eine kleine Ungenauigkeit kann negative Auswirkungen haben. Im harmlosenFall wird lediglich die Effizienz reduziert. Beispielsweise, wenn die Außeneinheit nicht optimal platziert wird. Meistens tritt solch ein Defekt, der bei der Montage entstanden ist, erst Jahre später auf, und man wird diesen nicht auf die fehlerhafte Montage zurückführen können.

Auch weitere Faktoren, wie eine nicht optimale Heizlastberechnung und eine damit nicht optimale Auslegung der Wärmepumpenleistung kann den Ertrag erheblich beeinträchtigen.

Zudem besteht bei den meisten Herstellern auf viele Bauteile keine Garantie, wenn diese nicht durch einen zertifizierten Fachbetrieb vorgenommen wurden.

Zusätzlich kann der Versicherungsschutz, insbesondere der Anlage oder sogar teilweise des Hauses erlöschen. Beispielsweise bei einem Brandschaden im Heizungskeller oder an der Hauswand entstehen hohe Kosten.

Die Versicherung wird jedoch die „laienhafte" Montage der Anlage als mögliche Ursache anführen, auch wenn der Fehler in Wahrheit von einem defekten Gerät ausgegangen ist.

Die Selbstmontage ist zwar generell möglich, jedoch nur dann, wenn die notwendigen Qualifikationen vorhanden sind. Wir haben unter anderem gesehen, dass für Kältemittelmengen über drei Kilogramm ein Kältemittelfachbetrieb notwendig ist.

Auch der Anschluss des Geräts an der Hauselektronik erfordert oftmals Hilfe von einer Elektrofachkraft.

In jedem Fall empfiehlt es sich, bei jeder Art von Selbstmontage und Verkabelung alles zu dokumentieren. Auch, falls man die notwendigen Qualifikationen nachweisen kann, sind eine Dokumentation und Bilder der geleisteten Arbeit unabdingbar.

Bei eventuellen Unklarheiten, Streitigkeiten oder auch einem zukünftigen Hausverkauf sind diese Bilder enorm viel wert, um die Qualität der Anlage zu untermauern.

Durch eine Selbstmontage spart man in der Regel circa 25 % der Gesamtkosten, dies ist wiederum abhängig von der Auftragslage und dem Bundesland.

Eine Hybridlösung ist, dass man nur Teile der Installation selbst übernimmt. Beispielsweise bietet es sich an, lediglich die Montage zu übernehmen, oder ist man gelernter Elektriker-Meister, kann man sich selbst um den Anschluss der Elektronik kümmern.

Anschließend lässt man einen Heizungsbauer-Fachbetrieb den Rest erledigen. Theoretisch spart man dadurch Geld, jedoch ist das in der Praxis häufig nicht umzusetzen.

Ein Heizungsfachbetrieb ist in der Regel bestrebt, gesamten Auftrag auszuführen. Denn mit den Wärmepumpen an sich wird ebenfalls ein nicht unerheblicher Teil des Umsatzes und des Gewinns realisiert. Bei vollen Auftragsbüchern der Heizungsfachfirma wird man nur sehr schwer einen Betrieb finden, der sich auf eine Selbstmontage einlässt.

Was jedoch möglich ist, ist, dass wir selbst Vorarbeit leisten, was der Heizungsbetrieb normalerweise nicht übernimmt. Beispielsweise kann bei einer Sole-Wasser-Wärmepumpe bereits der Garten ausgegraben werden oder ein Fundament für eine Luft-Wasser-Wärmepumpe betoniert werden. Auch die bisherige Anlage, beispielsweise die alte Gas- oder Ölheizung, kann bereits demontiert und entsorgt werden. Diese Aufgaben sparen dem Heizungsfachmann Zeit und sind daher gern gesehen. Die gesparte Zeit wirkt sich zudem mindernd auf die Gesamtkosten aus. Wie immer gilt auch hier zuvor mit dem Heizungsfachmann Rücksprache zu halten.

Zusammenfassend kann man sagen, dass es durchaus machbar ist, einige Teile der Installation selbst zu übernehmen, um einige Kostenblöcke zu reduzieren.

Für alle anderen Aufgaben empfiehlt sich jedoch das Beauftragen eines Fachunternehmens. Vor allem ein Energieberater für die Auslegung der Heizlast sollte man unter keinen Umständen auslassen.

Wie wir im nächsten Kapitel sehen werden, sind die Qualität der Installation und die korrekte Auslegung der Wärmepumpe die wichtigsten Einflussfaktoren für die Lebensdauer einer Wärmepumpe.

6.5 Wartung, Lebensdauer und Nachhaltigkeit

Wärmepumpen sind in der Regel sehr wartungsarm. Dennoch können wir die Lebensdauer unserer Wärmepumpe durch regelmäßige Wartungsintervalle deutlich erhöhen.

Innerhalb der Wärmepumpe sind nur wenig bewegliche Teile verbaut. Sowohl Verdampfer, Kondensator als auch das Expansionsventil sind weitestgehend passiv. Bei einem Defekt einer Wärmepumpe betrifft dies oftmals den Verdichter/Kompressor. Dabei ist die Häufigkeit eines Kompressor-Ausfalls sehr gering. Die Geräte wurden in den letzten Jahren immer robuster, sodass Lebensdauern von mindestens 15 Jahren angenommen werden. Mittlere Lebensdauern liegen eher im Bereich von 20 bis 25 Jahren, aber auch 30 bis hin zu 50 und mehr Jahren sind möglich. Bei der Lebensdauer liegen Wärmepumpen und Gas- oder Ölheizungen recht nahe beieinander.

Wenn der Verdichter ausfällt, muss jedoch meistens die gesamte Wärmepumpe ausgetauscht werden. Es gibt nur wenige Modelle, bei denen der Verdichter als einzelnes Bauteil ausgetauscht werden kann.

Die Zuverlässigkeit und die Ausfallwahrscheinlichkeit einer Wärmepumpe schwanken von Hersteller zu Hersteller. Beim Kauf einer Wärmepumpe sollte man im Zweifel lieber etwas mehr Geld investieren und sich ein Markengerät anschaffen, von dem es bereits Langzeiterfahrungsberichte zu finden gibt.

Die wichtigsten Faktoren, welche die Lebensdauer des Verdichters und damit der gesamten Wärmepumpe bestimmen, sind die **Betriebsstunden** und die **Ein- und Ausschaltvorgänge**. Die Anzahl der Schaltvorgänge wirkt sich dabei noch einmal deutlich negativer auf die Lebensdauer aus. Aus diesem Grund müssen die Anzahl der Schaltvorgänge möglichst gering gehalten werden. Es ist besser, eine Wärmepumpe lange laufen zu lassen, als stetig an- und wieder auszuschalten. Neuere Modelle mit Inverterfunktion (siehe 3.7) laufen daher nicht nur ruhiger, sondern weisen auch eine längere Lebensdauer auf.

Um wenig Schaltvorgänge zu erreichen, ist zudem die korrekte Dimensionierung der Leistung der Wärmepumpe wichtig. Ist die Pumpe zu klein dimensioniert, werden viele Betriebsstunden benötigt, um das Haus zu heizen. Wenn die Wärmepumpe hingegen zu groß dimensioniert wird, heizt sie das Haus „zu schnell" auf und schaltet daher häufiger aus und wieder ein.

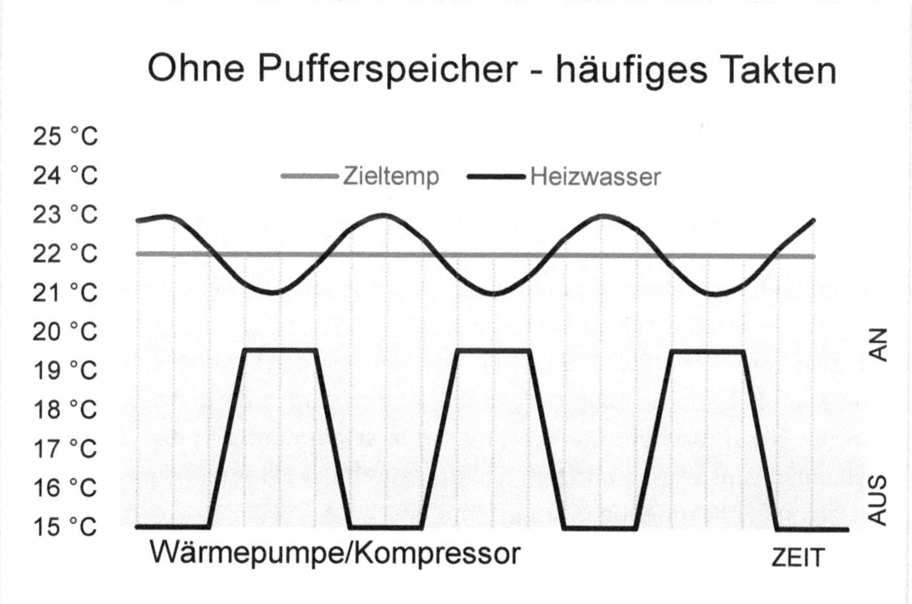

Abbildung 56 Verlauf der Heizwassertemperatur und des Kompressors

Als Richtwert gilt, dass die Wärmepumpe **maximal alle 20 Minuten** ein- und wieder ausgeschaltet werden soll. Die Anzahl der bisherigen Schaltzyklen können moderne Wärmepumpen anzeigen lassen.

Oftmals rentiert es sich auch, einen Pufferspeicher zu verbauen. Dieser speichert die Energie, sodass die Wärmepumpe länger am Stück, dafür seltener läuft, um die gleiche Wärme bereitzustellen.

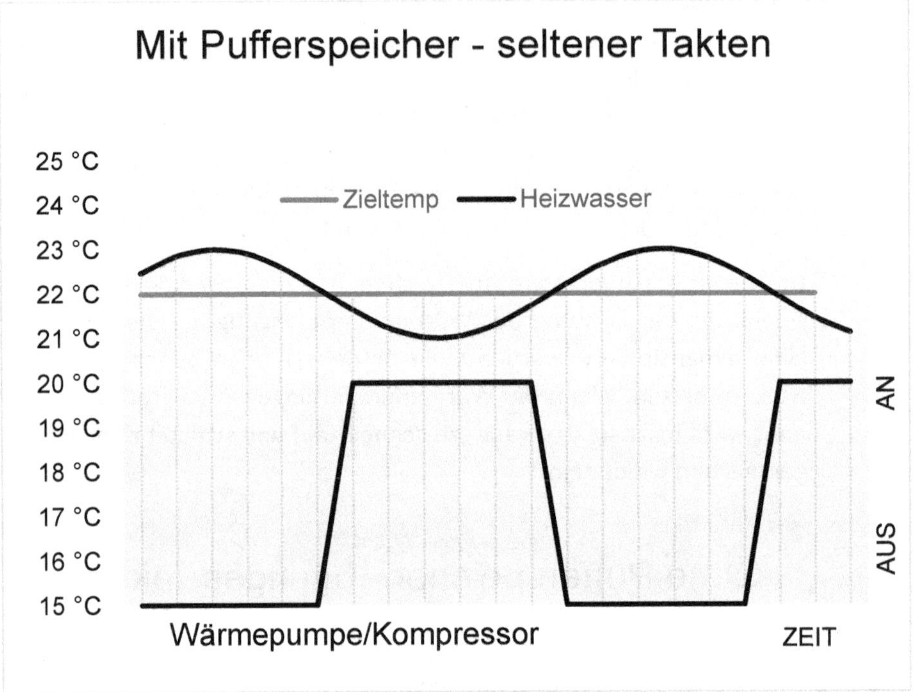

Abbildung 57 Verlauf der Heizwassertemperatur und des Kompressors mit Pufferspeicher

Neben diesen systembedingten Maßnahmen müssen Wärmepumpen circa einmal im Jahr kontrolliert und gewartet werden. Die Wartung durchzuführen, empfiehlt sich bereits im (Spät-) Sommer, also vor der Heizperiode. Im Falle eines Defekts verbleibt noch genügend Zeit, die Wärmepumpe für den Winter wieder einsatzbereit zu machen. Die Wartung umfasst die Kontrolle der Flüssigkeitskreisläufe, die Inspektion und ggf. den Austausch der Filter sowie die Leistungskennzahlen der Wärmepumpe zu prüfen.

Priorität der Wartung ist es, zu kontrollieren, ob aus der Wärmepumpe Kältemittel austritt.

Die jährliche Kontrolle der Dichtheit des Kältemittelkreislaufes ist sogar gesetzlich vorgeschrieben, wenn mehr als drei Kilogramm Kältemittel verwendet werden. Das Stichwort hierbei lautet der **Heizungscheck nach der Norm DIN 15378**. Diese Norm zur Kontrolle von Kälteanlagen ist die deutsche Richtlinie der im Jahr 2008 europaweit gültigen Vorschriften. Die gesetzliche Wartung darf nur von zertifizierten Kältetechnikern durchgeführt werden.

Die meisten Anlagen verwenden weniger als drei Kilogramm Kältemittel, dennoch sollte man die Wärmepumpe diesbezüglich regelmäßig warten lassen.

Dadurch wird nicht nur die Lebensdauer der Wärmepumpe erhöht, auch die Effizienz bleibt über die Jahre konstant hoch.

Zusätzlich sollte bei einer Wärmepumpe auch der Heizwasserkreislauf gewartet werden. Der Heizungsdruck muss kontrolliert werden, um sicherzugehen, dass die Umwälzpumpe korrekt arbeitet. Zudem muss das Ausdehnungsgefäß kontrolliert werden, um einen Defekt frühzeitig zu erkennen.

Der Heizungsfachmann bietet in der Regel auch Wartungsverträge an. Dabei handelt es sich, je nach Anbieter, um „Versicherungen". Wir zahlen einen jährlichen Betrag, dafür sind Wartungen oder eventuelle Ausfälle abgedeckt. Diese bieten beispielsweise eine „Sofort-Notfall-Heizung" an, falls die Wärmepumpe frühzeitig ausfallen sollte.

Wirtschaftlich ist solch ein Vertrag in den meisten Fällen nicht, schließlich möchte die „Versicherung" auch entlohnt werden. Wenn die oberste Priorität jedoch die Versorgungssicherheit ist, kann man über solch einen Vertrag nachdenken.

Als Letztes sei erwähnt, dass das Kühlen im Sommer mithilfe einer Wärmepumpe ebenfalls die Betriebsstunden erhöht und somit die Lebensdauer reduziert. Da man im Sommer in der Regel weniger intensiv kühlt, als man im Winter heizt, reduziert sich die Lebensdauer lediglich um den Faktor von 1,5. Oftmals ist die Kühlleistung der Wärmepumpe jedoch nicht ausreichend, sodass ohnehin ein weiteres Kühlsystem verbaut ist. In diesen Fällen liegt die Minderung der Lebensdauer im Bereich von 10 bis 20 %.

Bevor wir uns konkrete Beispiele aus der Praxis anschauen, lernen wir noch einige „Tricks" kennen, wie wir eine Wärmepumpe noch effizienter und wirtschaftlicher betreiben können. Außerdem schauen wir uns einige Fehler an, die es bei der Montage und dem Betrieb einer Wärmepumpe zu beachten gibt.

7 Tipps und häufige Fehler

Eine Wärmepumpe bietet die Möglichkeit der klimaneutralen Wärmeproduktion. Jedoch kann die Effizienz sowie die Wirtschaftlichkeit der Wärmeerzeugungsanlage stark variieren. Wir haben bereits gesehen, dass der Strompreis eines der wichtigsten Kriterien für die Wirtschaftlichkeit einer Wärmepumpe darstellt. Der Strompreis ist jedoch seit Jahren kontinuierlich am Steigen. Seit dem Jahr 2004 hat sich der Strompreis mehr als verdoppelt.

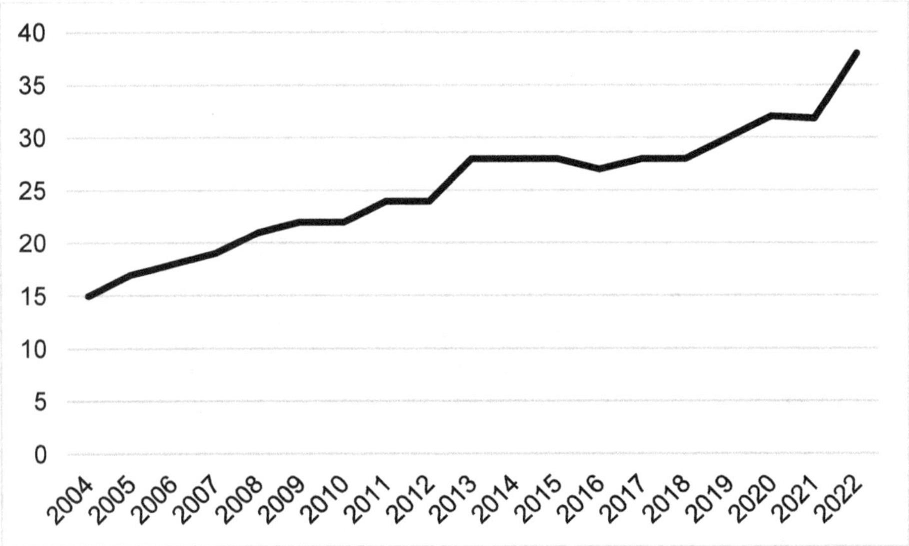

Abbildung 58 Strompreis in ct seit 2004

Eine Wärmepumpe wird pro Jahr mehrere tausend Kilowattstunden an elektrischer Energie benötigen.

Da wäre es doch lohnenswert, wenn man den Strom auf dem eigenen Hausdach für durchschnittlich 6 bis 12 Cent selbst produzieren könnte. Die Rede ist selbstverständlich von der heimischen Photovoltaikanlage.

7.1 Photovoltaikanlage

Eine Photovoltaikanlage, oder auch oftmals Solaranlage genannt, nutzt die Kraft der Sonne zur Stromerzeugung. Neben Windkraftanlagen bilden Photovoltaikanlagen die Stützpfeiler unserer Energiewende.

Mittlerweile sind Photovoltaikanlagen auch für Privatpersonen erschwinglich geworden. Eine Photovoltaikanlage, die auf ein durchschnittliches Einfamilienhausdach installiert werden kann, liegt in der Größenordnung von 10 bis 20 kWp.

Die Abkürzung **kWp** steht für **Kilowatt-Peak**. Eine Anlage mit 10 kWp kann unter Laborbedingungen (25 °C und einer genormten Einstrahlleistung von 1000 W/m²) eine Leistung von 10 kW erbringen.

Innerhalb eines Jahres kann eine Anlage **pro 1 kWp installierter Leistung** circa **850 bis 1000 kWh** erzeugen. Die erwähnten Anlagen von 10 bis 20 kWp Größe können über ein Jahr gesehen insgesamt bis zu 20.000 kWh erzeugen. Das ist theoretisch genügend Energie, um die gesamte Energie für die Wärmepumpe bereitzustellen und meistens noch zusätzlich das gesamte Haus zu versorgen.

Diese Vorstellung hört sich „zu schön an, um wahr zu sein". Und so einfach ist es leider auch nicht. Denn die Photovoltaikanlage besitzt ein Erzeugerprofil, welches nicht mit dem Verbraucherprofil der Wärmepumpe übereinstimmt.

Um zu verstehen, was damit genau gemeint ist, schauen wir uns zunächst einmal den Heizenergiebedarf eines Hauses an. Dieser setzt sich zusammen aus der Warmwasseraufbereitung sowie dem Erhitzen des Heizungswassers.

Das Brauchwasser ist ganzjährig annähernd konstant. Im Winter wird öfter einmal gebadet oder wärmer geduscht, diese Effekte sind jedoch weitestgehend zu vernachlässigen. Schauen wir uns einmal den gesamten Heizbedarf im Jahresverlauf an.

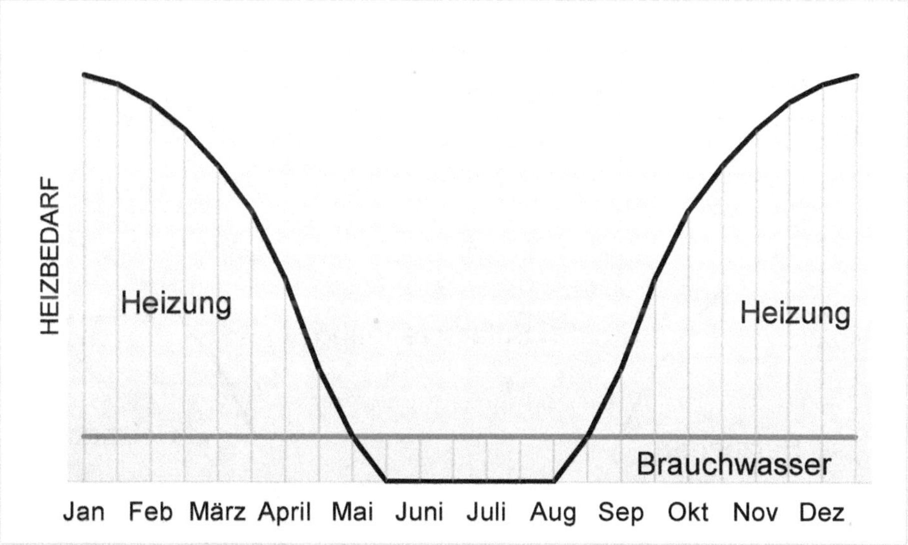

Abbildung 59 Heizbedarf eines Gebäudes im Jahresverlauf

Im optimalen Fall wird genau dieses Lastprofil abgedeckt. Wir legen einmal die Erzeugung einer Photovoltaikanlage über das Lastprofil.

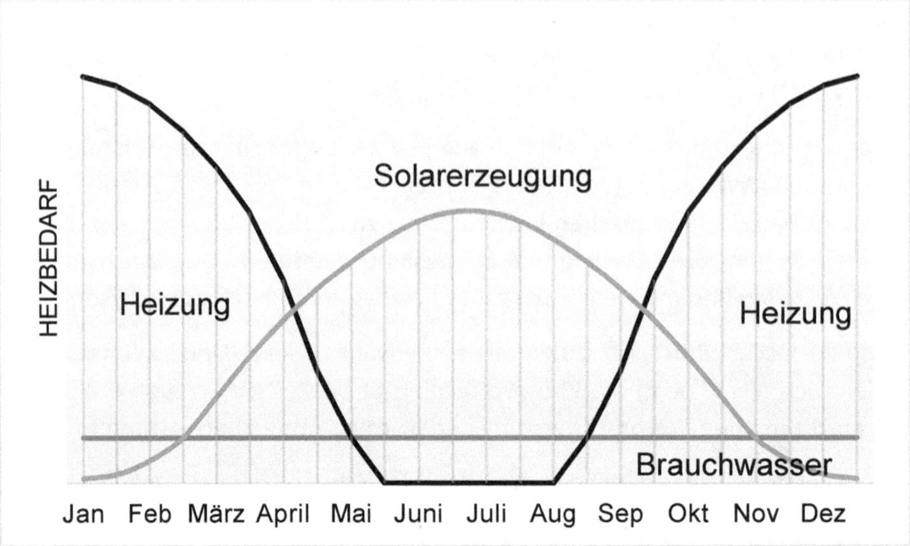

Abbildung 60 Deckung der Heizlast durch Solarenergie

Hier wird erkennbar, dass wir genau dann, wenn wir die Energie am meisten benötigen würden, die wenigste Energie aus der Photovoltaikanlage erhalten. Wenn wir die Energie hingegen nicht benötigen, liefert die Photovoltaikanlage ihr Leistungsmaximum.

Deutlicher wird es, wenn wir kennzeichnen, welcher Bereich des Heizbedarfs durch die Photovoltaikanlage abgedeckt werden kann und welcher Teil als Heizbedarf übrigbleibt.

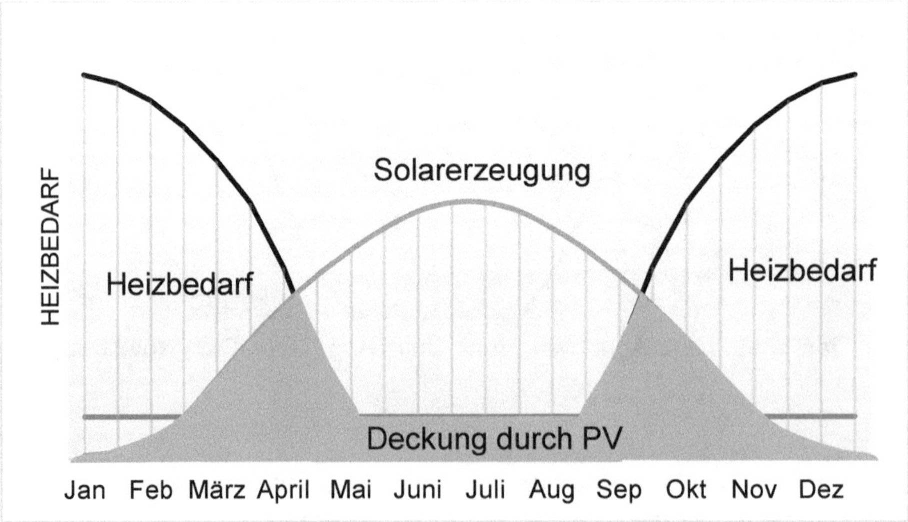

Abbildung 61 Anteil der gedeckten Heizlast durch Solarenergie

Das bedeutet, dass wir die Photovoltaikanlage nicht ganzjährig verwenden können, um unsere Wärmepumpe zu versorgen. Die Übergangsmonate werden sinnvoll unterstützt, in den Wintermonaten scheint jedoch zu wenig Sonne.

In der Praxis können wir die Wärmepumpe zu 20 bis 60 % aus Photovoltaikstrom betreiben. Dabei hängt der Anteil stark von dem Heizbedarf des Gebäudes ab. In modernen Neubauten ist der Heizwärmebedarf gering. Der Heizbedarf für das Wohngebäude ist beinahe genauso groß, wie der Heizbedarf für die Warmwasseraufbereitung.

In diesem Fall ist der Anteil, den die Photovoltaikanlage abdecken kann, deutlich größer. Zudem wird eine Photovoltaikanlage oftmals „überdimensioniert". Der Verlauf eines KfW-40 Effizienzhauses mit einer Warmwasserlast von 2.000 kWh und einer Heizlast von 2.000-5.000 kWh in Kombination mit einer 13 kWp PV-Anlage könnte dabei wie folgt aussehen.

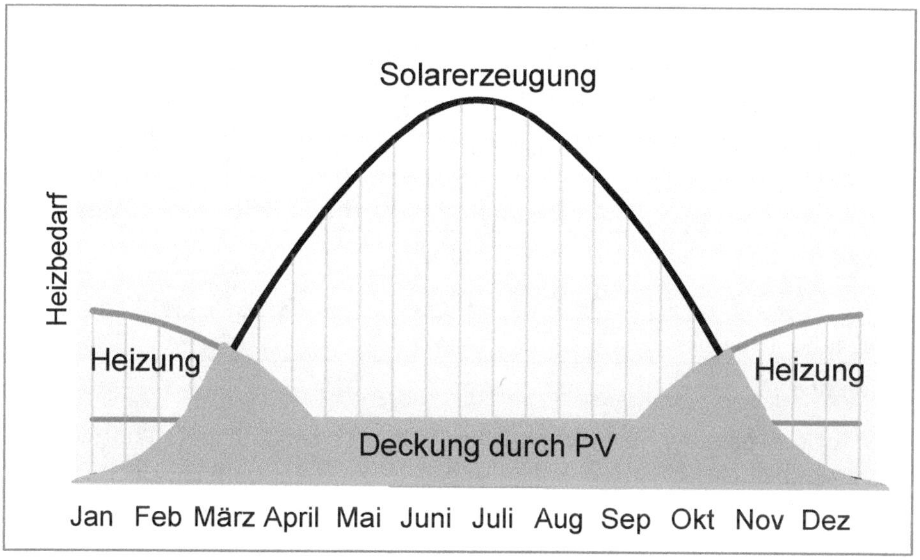

Abbildung 62 Erhöhung der gedeckten Heizlast (prozentual!)

Relativ gesehen können wir dadurch jedoch deutlich mehr Heizleistung abdecken. Das liegt daran, dass der Verbrauch insgesamt geringer ist. Hierbei können circa acht bis zehn von 12 Monaten zum größten Teil aus der Photovoltaikanlage geheizt werden.

Jedoch sehen wir anhand der Grafik auch klar, dass in den Sommermonaten ein enormer Überschuss an Strom erzeugt wird. Wird die Anlage dadurch nicht unwirtschaftlich?

Die verkürzte Antwort lautet hier **nein**. Denn der Strom wird nicht verschenkt, sondern zu einer **festen Einspeisevergütung** ins öffentliche Stromnetz eingespeist. Eine Photovoltaikanlage amortisiert sich durch die Kombination aus Eigenverbrauch und Einspeisevergütung innerhalb von zehn bis 15 Jahren. Durch die gesetzlich garantierte Einspeisevergütung und die stetig steigenden Strompreise stellt eine Photovoltaik eine der sichersten Investitionen und Geldanlagen dar.

Eine einfache Wirtschaftlichkeitsberechnung soll zeigen, wie lukrativ die Anschaffung einer Photovoltaikanlage in Verbindung mit einer Wärmepumpe sein kann.

Eine Photovoltaikanlage kann den Strom, je nach Größe, für 6 bis 12 Cent pro kWh erzeugen. Größere Anlagen sind dabei günstiger, da die Montagekosten nicht linear ansteigen. Nehmen wir Gestehungskosten von 8 ct/kWh an. Damit können wir einen fiktiven Mischpreis für die Wärmepumpe berechnen.

Wird eine die Wärmepumpe zu 20 % aus Photovoltaikstrom betrieben, ergibt sich ein effektiver durchschnittlicher Strompreis von:

$$20\,\% \cdot 8\,ct + 80\,\% \cdot 34\,ct = 28{,}8\,ct$$

Der effektive Strompreis ergibt sich dabei in Abhängigkeit der Eigennutzung.

	Anteil PV-Strom	Durchschnittliche Stromkosten
Ohne PV	0 %	34,0 ct
Altbau	20 %	28,8 ct
Neubau/Sanierung	40 %	23,6 ct
Effizienzhaus	60 %	18,4 ct

Es ist logisch, dass der durchschnittliche Strompreis sinkt, je mehr Photovoltaikstrom genutzt wird. Doch was bedeutet das für die Wirtschaftlichkeit? Das hängt wiederum von der Arbeitszahl ab. Nehmen wir eine konservative JAZ von 3,5 an, ergeben sich im schlechtesten Fall (20 % PV-Strom) Kosten für eine Kilowattstunde Wärmeenergie von 8,22 Cent. Bei einem Effizienzhaus mit 60 % PV-Strom hingegen nur 5,26 Cent. In beiden Fällen ist die Wärmepumpe noch einmal deutlich kostengünstiger als konventionelle Rohstoffe.

Dabei müssen wir jedoch beachten, dass die Photovoltaikanlage ebenfalls eine große Anschaffung ist. Eine mittelgroße Photovoltaikanlage liegt schnell im Bereich von 15.000 € oder mehr. Zudem kommen bürokratische Aufwände wie Anmeldung der Anlage oder Abrechnungen für die Einspeisevergütung dazu. Dennoch bietet Photovoltaik enorme Vorteile. Denn bisher haben wir nur den Strom für die Wärmepumpe betrachtet. Der Eigenverbrauch des Stroms für die Hauselektronik blieb dabei unbeachtet. Bei einer Wärmepumpe kommt die Wirtschaftlichkeit auf die Rohstoffpreise und die Förderungen an. Photovoltaikanlagen können sich seit über 20 Jahren selbst finanzieren. In jedem Fall ist die Investition in eine Photovoltaikanlage auch unabhängig vom Betrieb einer Wärmepumpe ein sinnvoller Schritt. Eine Wärmepumpe kann jedoch noch einmal zusätzlich helfen, die Amortisationszeit des Gesamtsystems deutlich zu reduzieren.

Oftmals kommt die Frage auf, ob ein Stromspeicher den eigengenutzten Anteil erhöhen kann. Der überschüssige Strom aus dem Sommer wird für den Winter gespeichert.

Theoretisch ist das möglich, in der Praxis sind die Speicher jedoch viel zu gering. Ein KfW-40 Haus verbraucht insgesamt 2.000 kWh Strom jährlich, das sind **täglich 5,5 kWh**. Dabei ist der Heizbedarf im Winter deutlich höher, schätzungsweise bei circa 10 bis 15 kWh. Ein Elektrospeicher, der in Wohngebäuden zum Einsatz kommt, besitzt eine Kapazität im Bereich von 5 bis 12 kWh. Der Speicher würde den benötigten Heizstrom für lediglich einen Tag speichern können. Selbst ein Akku eines Elektroautos liegt nur im Bereich von 40 bis 60 kWh und könnte damit im besten Fall drei bis vier Tage überbrücken, jedoch keine Wochen oder gar Monate.

Ein Stromspeicher kann nur die Schwankungen von Tag und Nacht abfangen, jedoch nicht die Schwankungen vom Sommer in den Winter.

Es gibt Systeme, welche den überschüssigen Strom in Wasserstoff umwandeln können. Den Wasserstoff kann man mithilfe einer Brennstoffzelle im Winter wieder in Strom umwandeln und nutzen. Diese Systeme sind jedoch nicht effizient. Es rentiert sich eher den Strom ins öffentliche Stromnetz einzuspeisen und dafür kleine Menge Reststrom im Winter wieder zu kaufen.

Solarthermie

Alternativ zu einer Photovoltaikanlage wird oftmals eine Solarthermieanlage verbaut. Solarthermieanlagen haben wir bereits bei den Hybrid-Heizsystemen angesprochen. Oftmals wird eine Gasheizung mit einer kleinen Solarthermieanlage ausgestattet, um eine Förderung zu erhalten, die man ohne die Solarthermieanlage nicht bekommen würde. In Kombination mit einer Wärmepumpe kann eine Solarthermieanlage jedoch Sinn ergeben.

Der Begriff Solarthermie beschreibt die Wirkungsweise der Sonnenkollektoren. Die Solarthermieanlage besteht aus Röhren, in denen eine Flüssigkeit durch die

Sonne erhitzt wird. Die Flüssigkeit kann dabei mehrere Hundert Grad heiß werden. Um Verluste zu minimieren, ist das Rohr, in der sich die Flüssigkeit befindet, nach außen hin isoliert.

Die Flüssigkeit wird anschließend verwendet, um warmes Wasser bereitzustellen, beispielsweise zum Heizen oder Duschen. Die Solarthermieanlage kann dabei auf zwei verschiedene Arten genutzt werden. Die erste Möglichkeit ist, sie parallel zur Wärmepumpe zu betreiben. Beide Systeme sind an einen gemeinsamen Warmwasserspeicher angeschlossen.

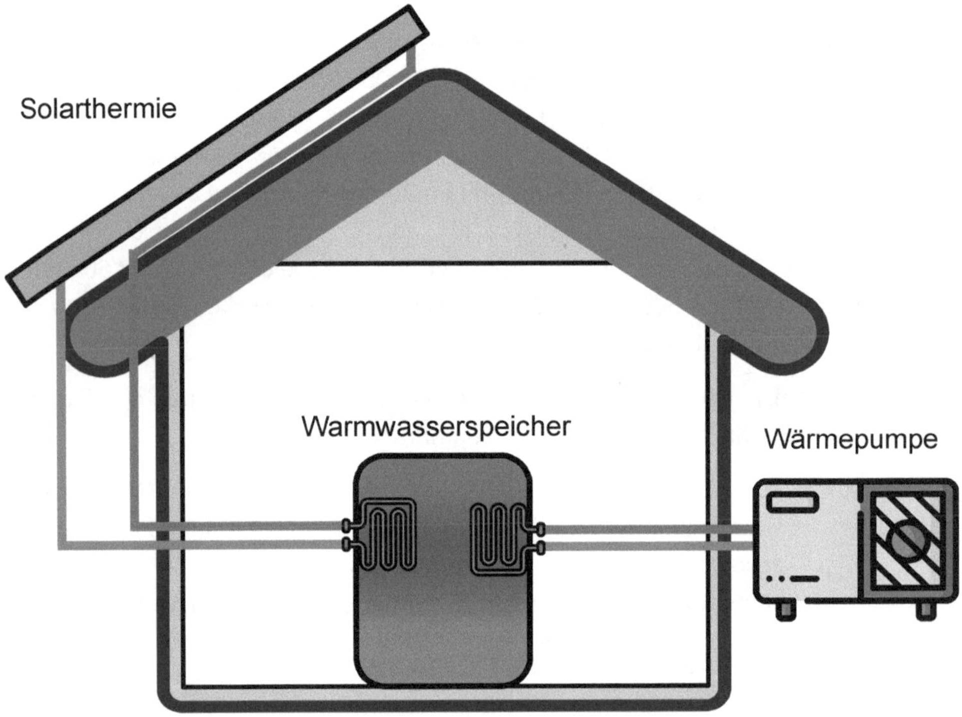

Abbildung 63 Solarthermie und Wärmepumpe im Parallelbetrieb

Die beiden Systeme arbeiten weitestgehend unabhängig voneinander. Der gemeinsame Speicher bildet das Heizwasser. In der Praxis ist diese Ausführung in der Regel nicht wirtschaftlich. Anstelle der Solarthermieanlage empfiehlt es sich, eine Photovoltaikanlage zu verwenden. Denn Strom als höherwertige Energie ist flexibler einsetzbar. Zudem kann überschüssiger Strom ins öffentliche Stromnetz gegen eine Vergütung eingespeist werden. Bei der Wärmeenergie der Solarthermieanlage ist das nicht der Fall. Photovoltaikmodule sind daher in der Regel kosteneffizienter.

Eine alternative Ausführung ist jedoch deutlich sinnvoller. Wie wir wissen, sinkt die Arbeitszahl drastisch, je niedriger die Temperatur der Wärmequelle der Wärmepumpe ist. Deshalb gibt es Kombi-Systeme, welche die Wärmeenergie einer Solarthermieanlage nutzen, um die Eingangstemperatur der Wärmepumpe am Verdampfer zu erhöhen. Die Solarthermieanlage dient als „Vorheizung", damit die Wärmepumpe effizienter arbeiten kann. Dadurch muss die Wärmepumpe allgemein weniger arbeiten und die JAZ steigt. Vor allem in Kombination mit Erdsonde-Wärmepumpen kann die Wärmeenergie der Solarthermieanlage hervorragend zwischengespeichert werden. Dabei wird die Solarthermieanlage an die Erdsonden angeschlossen.

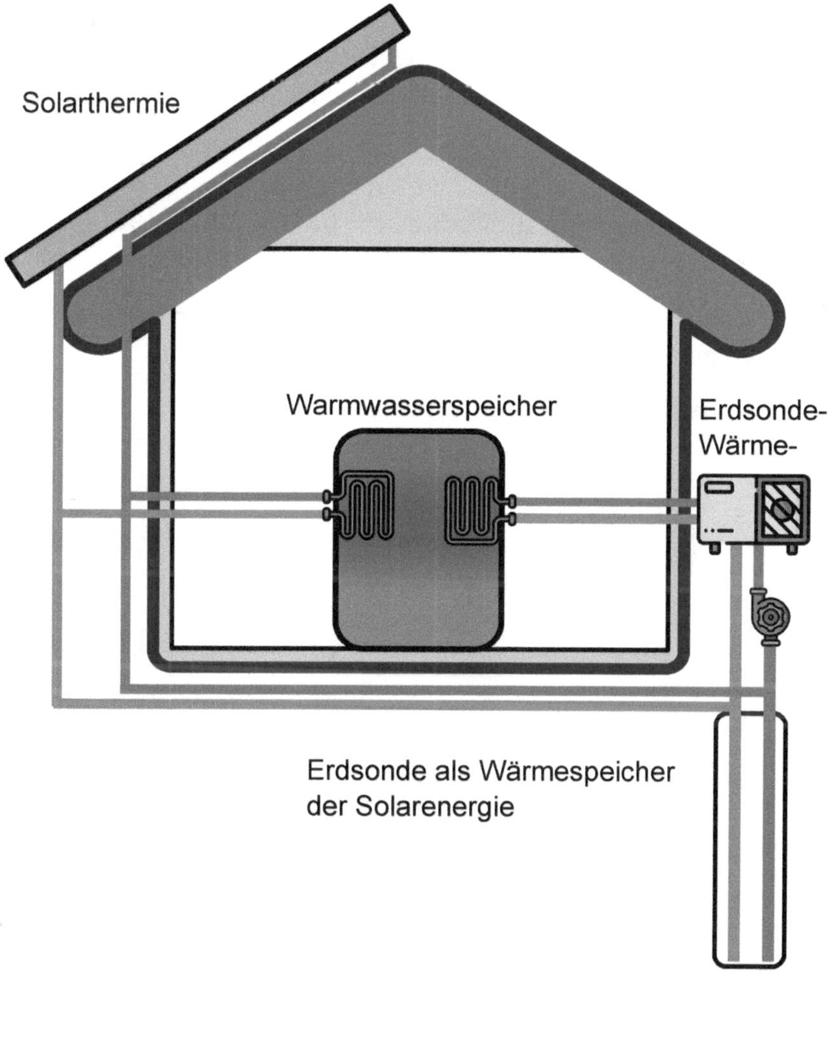

Abbildung 64 Solarthermie und Wärmepumpe im unterstützenden Betrieb

Der Vorteil dieses Systems ist es, dass die überschüssige Wärme der Solarthermie im Erdreich zwischengespeichert werden kann. Wenn die Wärme wieder benötigt wird, kann die Wärmepumpe diese aus dem erwärmten Erdreich bzw. der Sole entnehmen und das Haus effizienter beheizen.

Schlussendlich können wir festhalten, dass eine Photovoltaikanlage uneingeschränkt zu empfehlen ist. Bei einer Solarthermieanlage kommt es hingegen auf die Umstände an, ob sie sich wirtschaftlich darstellen lässt.

7.2 Dämmung und Flächenheizungen

Das Verständnis des folgenden Kapitels ist vor allem bei einer Altbausanierung essenziell. Doch auch bei Neubauten treten die gleichen Mechanismen auf, die dafür sorgen, dass die Wärmepumpe effizient oder weniger effizient arbeiten kann.

Wir haben bereits gesehen, dass die Jahresarbeitszahl enorm wichtig ist, um die Effizienz einer Wärmepumpe zu beschreiben. Deshalb ist es wichtig, die JAZ hochzuhalten.

Der größte Einfluss auf die JAZ ist der Temperaturhub, sprich der Unterschied von Außentemperatur zur Vorlauftemperatur des Heizkreislaufes.

Das haben wir bereits in einem vorherigen Kapitel gesehen.

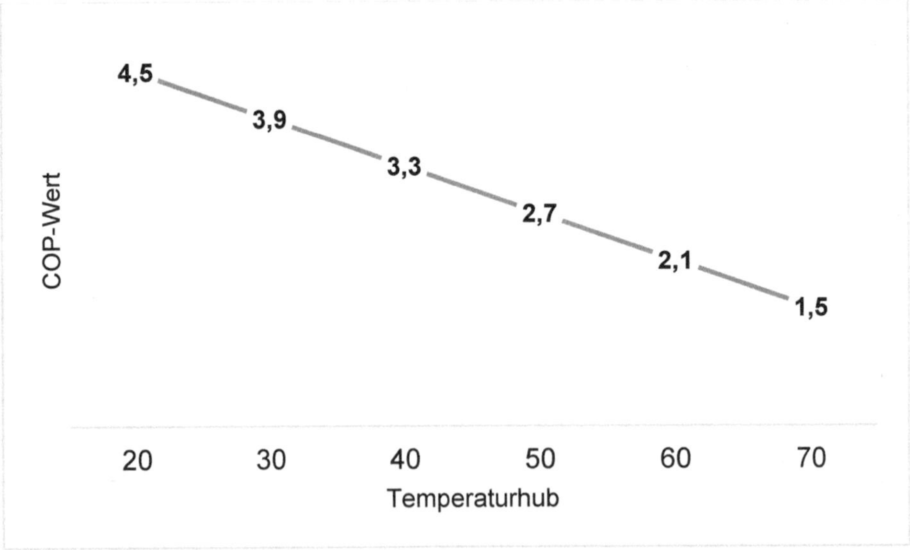

Abbildung 65 Beispielverlauf eines COP-Werts in Abhängigkeit des Temperaturhubs

Die Außentemperatur können wir jedoch nicht beeinflussen. Das bedeutet, das Einzige, das wir tun können, um den Temperaturhub zu senken, ist, die Vorlauftemperatur der Heizung herabzusenken.

Alte Gas- und Ölheizungen haben eingestellte Vorlauftemperaturen im Bereich von 60 bis 70 °C. Bei unserer Wärmepumpe würden wir bei diesen hohen Vorlauftemperaturen eine realistische JAZ von 1,5 erhalten. Doch wovon hängt die Vorlauftemperatur ab?

Je wärmer das Heizwasser, umso mehr Wärme können die Heizkörper an die Räume abgeben. Gleichzeitig geht über die Gebäudehülle Wärme verloren. Durch das Regeln der Heizung stellen wir ein Gleichgewicht ein, sodass es im Zimmer eine konstante Temperatur ergibt.

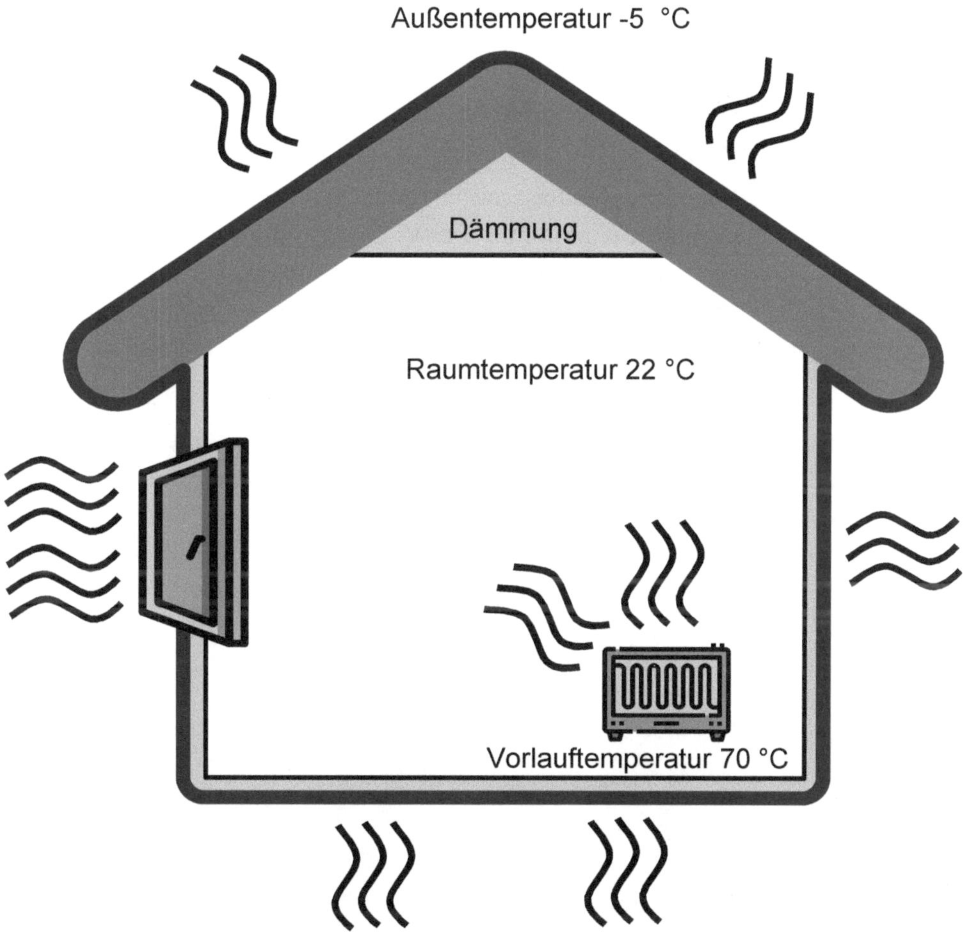

Abbildung 66 Transmissionswärmeverluste in einem Altbau

Die Verluste hängen stark vom Gebäude ab. Die **Transmissionswärmeverluste** hängen dabei von der Dämmung, der Beschaffenheit, der Dichtigkeit des Gebäudes und vielen weiteren Faktoren ab.

Im Durchschnitt gehen circa 30 bis 40 % aller Wärmeverluste über das Dach verloren. Weitere 20 bis 30 % über die Wände und wiederum circa 20 % über die Fenster und die Bodenplatte. Vor allem bei den Fenstern gibt es hier enorme Unterschiede. Einfachverglaste Fenster, wie sie in der Nachkriegszeit verbaut wurden, sind thermisch betrachtet vergleichbar mit einem Loch in der Wand.

Durch Dämmmaßnahmen oder durch den Austausch der Fenster können die Schwachstellen im Haus beseitigt werden.

Insgesamt muss man jedoch immer das gesamte Haus im Blick behalten. Wenn etwa die Fenster gegen dreifach-verglaste Fenster ausgetauscht werden, sollten auch zwingend die Wände mit gedämmt werden. Wenn ein zu großer Unterschied zwischen Fensterdämmung und Wanddämmung herrscht, kann warme Luft an kalten Stellen kondensieren und die Schimmelgefahr steigt enorm.

Welche Maßnahmen am effektivsten sind, um die Transmissionswärmeverluste zu begrenzen, kann wiederum mithilfe eines Energieberaters herausgearbeitet werden. Dabei werden verschiedene Wärmeübergänge von den Fenstern, den Wänden und dem Dach hergezogen. Die genaue Berechnung würde den Rahmen dieses Ratgebers sprengen. Jedoch können die Transmissionswärmeverluste durch eine bessere Dämmung reduziert werden.

Durch die Dämmung sinken die Wärmeverluste über die Gebäudehülle. Der gleiche Heizkörper muss weniger Energie abgeben und die Vorlauftemperatur kann gesenkt werden.

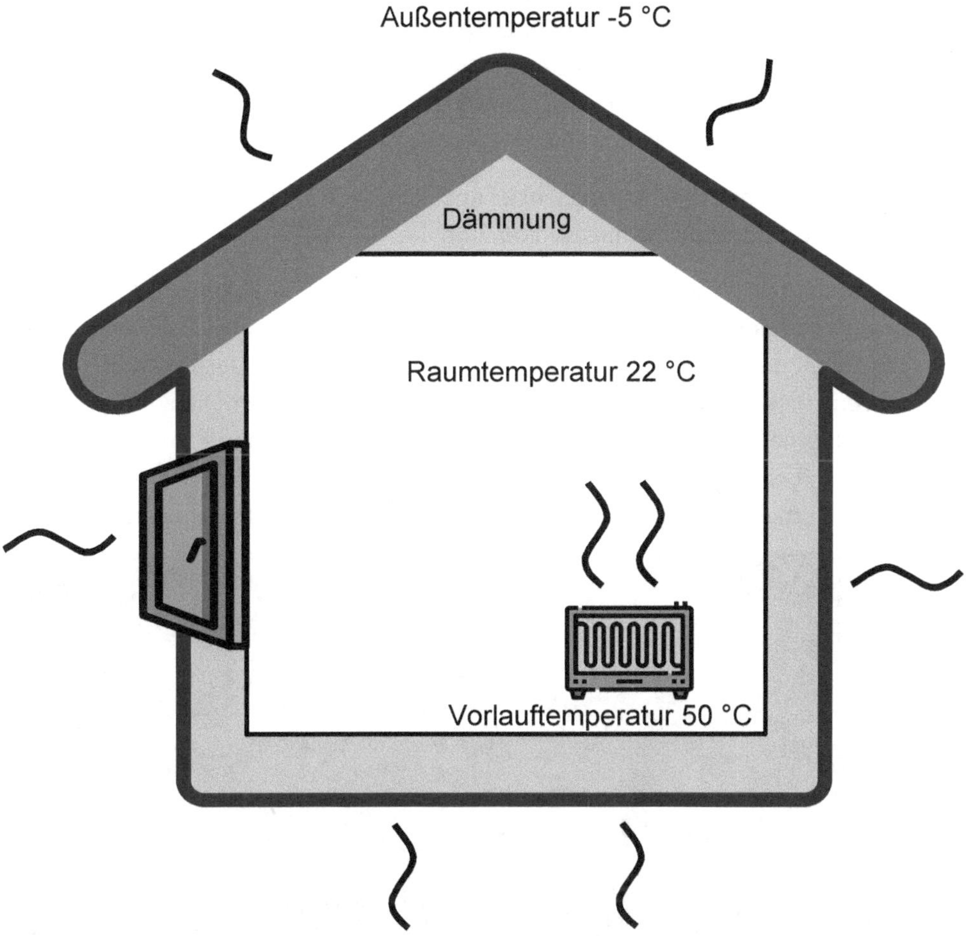

Abbildung 67 Energieeinsparung durch Dämmung und neue Fenster

Dämmmaßnahmen reduzieren nicht nur den absoluten Energieverbrauch, sondern auch die benötigte Vorlauftemperatur des Heizwassers. Dadurch kann eine Wärmepumpe effizienter arbeiten und die JAZ steigt. Dämmmaßnahmen sind daher primär in Altbauten eine, oder wenn nicht sogar *die* sinnvollste Investition.

Zudem werden Sanierungsmaßnahmen ebenfalls stark gefördert. In der Regel zahlen sich Sanierungsmaßnahmen durch die Ersparnis des Heizstoffs schnell aus. Außerdem hebt eine Sanierung den Gebäudewert allgemein.

Bei der Sanierung gilt das Sprichwort: „Eine Kette ist nur so stark, wie ihr schwächstes Glied“. Übertragen auf die Gebäudedämmung bedeutet das, dass wir stets alle Maßnahmen im Blick behalten müssen. Es bringt nichts, wenn wir die Wände, den Boden und das Dach exzellent dämmen, aber nur einfach verglaste Fenster eingebaut sind.

Neben der Gebäudesanierung gibt es noch eine weitere Möglichkeit, die Vorlauftemperatur der Heizung abzusenken und die JAZ zu erhöhen.

Die Menge an Wärmeenergie, welche ein Gegenstand abgibt oder aufnimmt, hängt von seiner **Oberfläche** ab. Diese Erkenntnis ist eine physikalische Naturgegebenheit und wird in vielen Lebensbereichen eingesetzt. Deshalb sind die Radiatoren eines Kühl oder Heizsystems aus vielen, kleinen Lamellen, mit einer großen Oberfläche aufgebaut. Beispielsweise die Außeneinheit unserer Wärmepumpe, aber auch die Wärmetauscher. Auch Computerkühler, Kühlschränke und Motor-Luftkühlungssysteme von Autos sind nach diesem Prinzip aufgebaut.

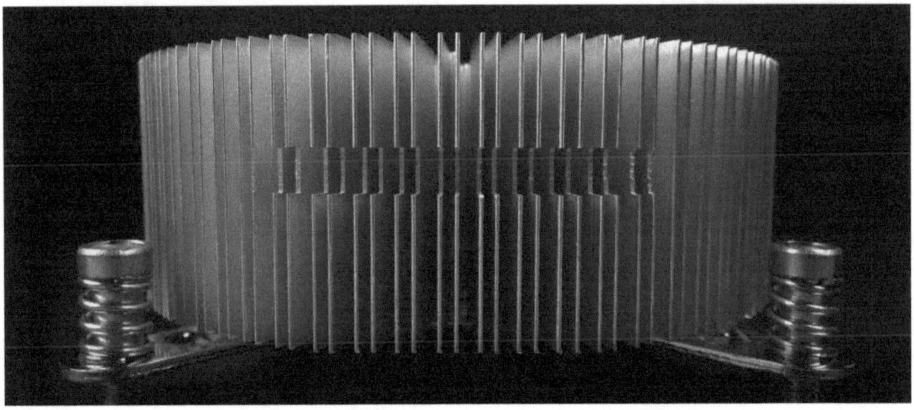

Abbildung 68 Prozessorkühler eines PCs

Was bedeutet das für unsere Heizung? Wenn wir die Fläche des Heizkörpers vergrößern, können wir bei der gleichen Heizleistung eine niedrigere Vorlauftemperatur fahren und damit eine bessere JAZ erreichen. Deshalb sind **Flächenheizungen**, wie **Fußbodenheizungen** oder Deckenheizungen ein enormer Vorteil bei der Verwendung von Wärmepumpen. Fußbodenheizungen benötigen in der Regel Vorlauftemperaturen von 5 bis 10 °C über der eingestellten Raumtemperatur. Eine Vorlauftemperatur in Neubauten für eine Fußbodenheizung liegt bei 30 bis 35 °C.

Deshalb werden in den meisten Neubauten allein aus Effizienzgründen Fußbodenheizungen verbaut.

In einem sanierten Altbau sind häufig die Heizungsrohre weniger gut isoliert. Diese können bei Einbau einer Fußbodenheizung jedoch zumindest stückweise ausgetauscht werden. Nach einer umfangreichen Dämmung und dem Verlegen einer Fußbodenheizung lässt sich die Vorlauftemperatur auf circa 35 bis 45 °C absenken.

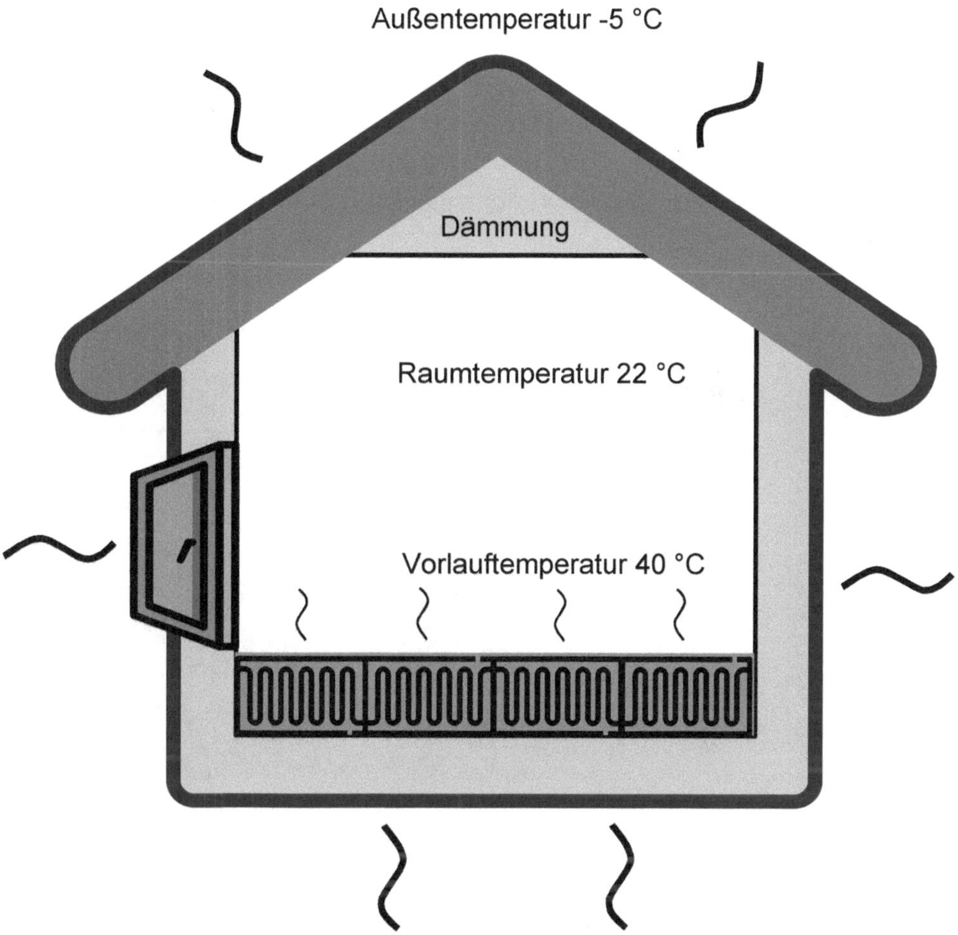

Abbildung 69 Reduzierung der Vorlauftemperatur durch eine (Fußboden-) Flächenheizung

Die Installation einer Fußbodenheizung ist in Altbauten mit einem enormen Mehraufwand verbunden. Oftmals sind in Altbauten die Heizkörper nicht nach dem Wärmebedarf dimensioniert worden, sondern nach den Platzverhältnissen innerhalb des Raumes. Als Resultat sind die Heizkörper häufig überdimensioniert, was sich mit dem Betrieb einer Wärmepumpe jedoch gut verträgt.

Der Austausch der alten Heizkörper gegen modernere Heizkörper ist ebenfalls eine sinnvolle Maßnahme. Moderne Heizkörper sind intern aus feineren Lamellen aufgebaut und können dadurch bei gleicher Größe mehr Heizleistung abgeben.

Wenn auch neue Heizkörper die erforderte Heizleistung nicht aufbringen können, gibt es alternativ **Niedertemperaturheizkörper** auf dem Markt. Diese Heizkörper sind noch einmal feiner aufgebaut. Normalerweise steigt die heiße Luft auf und frische Luft wird automatisch angesogen. Bei Niedertemperaturheizkörpern ist die Temperaturdifferenz jedoch so gering, dass die Konvektion, besser bekannt als **Kamineffekt,** nicht ausreicht. Deshalb sind an der oberen oder unteren Öffnung der Heizung kleine Lüfter angebaut, welche die Konvektion der Luft unterstützen.

Abbildung 70 Niedertemperaturheizkörper von Kermi Modell x-flair

Zusammenfassend ist die energetische Sanierung und der Einbau von Flächenheizungen, entweder in Form einer Fußbodenheizung oder Niedertemperaturheizkörpern, eine effektive Methode, um die Jahresarbeitszahl von Wärmepumpen deutlich zu verbessern.

Vor allem sollten bei Altbauten Sanierungsmaßnahmen im Vordergrund stehen. Die Verwendung einer Wärmepumpe ist dabei oftmals auch ohne diese Sanierungen möglich, jedoch deutlich ineffizienter. In der Regel rentieren sich die Sanierungen wirtschaftlich sowie energetisch um ein Vielfaches. Durch Förderzuschüsse von bis zu 45 % und kostengünstigen Darlehen ab 0,9 % Zins, ist der wirtschaftliche Aspekt nicht zu verachten.

Bisher haben wir Maßnahmen zur günstigeren Energieerzeugung (Photovoltaik) und zur Energieeinsparung (Dämmung und Großflächenheizungen) kennengelernt. Im nächsten Kapitel schauen wir uns an, wie wir weiterhin Strom, Energie und Kosten einsparen können.

7.3 Einstellungen und Smart Home

In diesem Unterkapitel sehen wir uns an, wie man mit fast schon banalen Tricks die Effizienz der Wärmepumpe steigern kann.

Der erste Einstellungstrick bezieht sich auf den Einsatz von Luft-Wasser-Wärmepumpen oder Luft-Luft-Wärmepumpen. Die Effizienz von Luft-Wärmepumpen hängt direkt von der Umgebungstemperatur ab. Bei Sole-Wasser- oder Erdreich-Wasser-Wärmepumpen ist das nicht der Fall, da die Temperatur des Grundwassers und des Erdreichs deutlich konstanter ist.

Den „Nachteil" der Luft-Wärmepumpen können wir nicht ändern, jedoch können wir unser Lastprofil danach ausrichten. Innerhalb eines Tages schwanken die Temperaturen um bis zu 10 °C. Im Sommer bis zu 12 °C, im Winter um gerade einmal 5 °C. Doch bereits 5 °C können langfristig eine JAZ-Erhöhung von circa 0,2 erzielen, beispielsweise 3,6 statt 3,4.

In Zukunft wird sich die Temperaturschwankung von Tag zu Nacht deutlich erhöhen. Der Klimawandel sorgt für extreme Temperaturdifferenzen, das ist bereits heute zu beobachten. Im Jahr 1992 lag die durchschnittliche Temperaturdifferenz von Tag zu Nacht bei lediglich 1,2 °C. Im Jahr 2012 war der Wert bereits auf 5,2 °C angestiegen.

Im Folgenden sehen wir den Temperaturverlauf über einen Wintertag sowie den Einsatz einer Wärmepumpe.

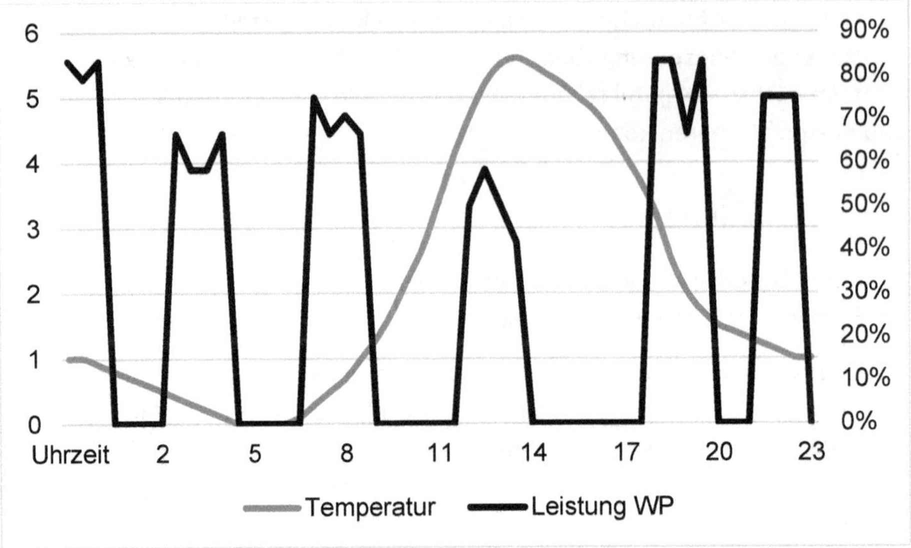

Abbildung 71 Die Wärmepumpe wird überwiegend in der Nacht eingeschaltet

Wir sehen, dass die Wärmepumpe vor allem nachts arbeitet, wenn der Wärmebedarf hoch ist. Es ist jedoch sinnvoller, die Wärmepumpe tagsüber zu betreiben und die Temperatur zu erhöhen, beispielsweise auf 24 °C anstatt 22 °C. Der Pufferspeicher und das Wohngebäude dienen hierbei als Wärmespeicher. Über die Nachtstunden wird die Wärmepumpe quasi gar nicht betrieben. Dadurch sinkt die Temperatur beispielsweise auf 20 bis 21 °C ab, was man jedoch kaum wahrnehmen wird.

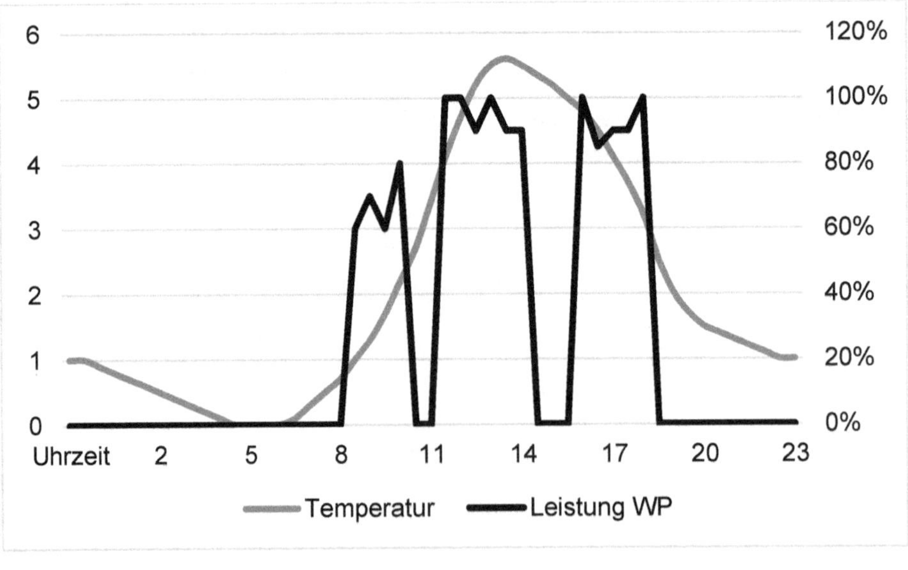

Abbildung 72 Anpassung der Schaltzeiten

Wir sehen, dass die Wärmepumpe deutlich seltener, aber dafür auch länger arbeiten muss. Da die Arbeitszeiten jedoch bei höheren Temperaturen stattfinden, steigt die JAZ. Wenn zusätzlich eine Photovoltaikanlage verbaut ist, kann dadurch der Anteil des PV-Stroms, vorwiegend in der Übergangszeit deutlich erhöht werden.

Wenn man die Leistung der Wärmepumpe über Nacht absenkt oder gar abschaltet, muss darauf geachtet werden, dass die Wärmepumpe das Wohngebäude morgens ausreichend aufheizen kann.

Viele Wärmepumpen-Modelle aktivieren den Notfallheizstab, wenn die Temperatur nach einer Weile nicht erreicht werden kann. Wie wir wissen, ist der Heizstab ineffizient. Daher muss dessen Einsatz unbedingt ausgeschlossen werden.

Wenn die Wärmepumpe es nicht ohne die Hilfe des Heizstabes schafft, die Raumtemperatur in der vorgegebenen Zeitspanne zu erreichen, muss die Nachtabschaltung verkürzt werden beziehungsweise die Nachtleistung erhöht werden.

Wenn möglich, kann der Notfallheizstab auch erst ab einer bestimmten Außentemperatur zugeschaltet werden.

Moderne Wärmepumpen sind meistens mit einem Display ausgestattet, mit dem man neben den aktuellen Leistungsdaten auch verschiedene Profile einstellen kann. So kann je nach Modell eine nächtliche Sperrzeit oder eine Leistungsabschwächung eingestellt werden.

Welche Einstellungen am sinnvollsten sind, ist wiederum eine individuelle Frage. Das hängt beispielsweise von dem Heizbedarf des Gebäudes ab. Bei einer Brauchwasserwärmepumpe ist es nicht sinnvoll, die Wärmepumpe erst ab beispielsweise acht Uhr wieder einzuschalten, wenn um sieben Uhr mit warmem Wasser geduscht werden soll.

Neben dem einfachen Einstellen einer Wärmepumpe kann die Effizienz auch durch intelligente Elektronik verbessert werden. Eine davon haben wir bereits angesprochen – und zwar die Kommunikation einer Wärmepumpe mit dem Wechselrichter einer Solaranlage.

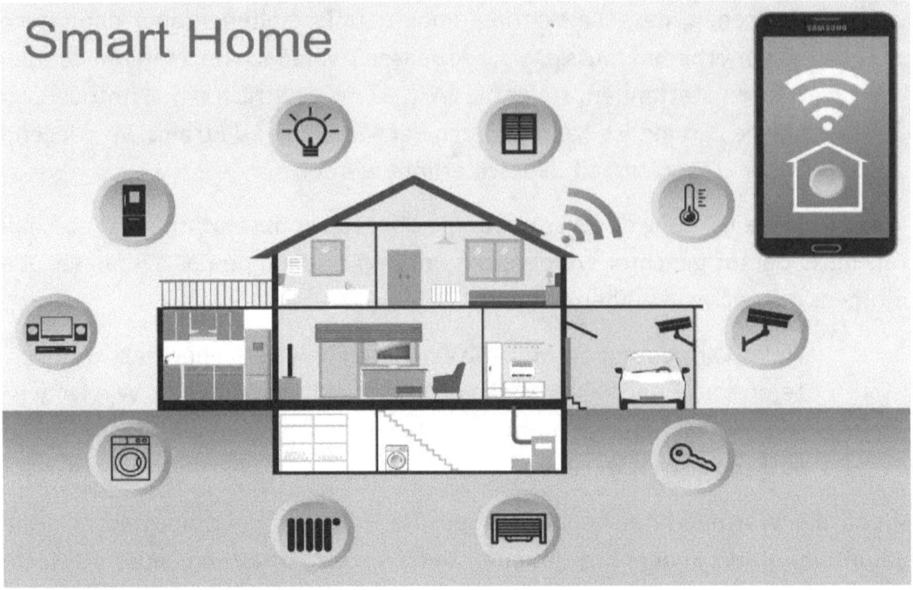

Abbildung 73 Smart Home verknüpft alle Bereiche des täglichen Lebens

Unter dem Schlagwort **Smart Home** wird verstanden, dass vor allem in Neubauten immer mehr intelligente Elektronik eingebaut wird. Dabei kann das Licht, die Rollläden oder sogar die Haustür per Smartphone gesteuert werden. Auch die Heizung des Gebäudes kann durch smarte Erweiterungen effizienter gestaltet werden. Beispielsweise kann der Wetterbericht online abgefragt werden. Wenn die Außentemperatur am nächsten Tag drastisch fällt, kann Energie gespart werden, indem die Wärmepumpe das Gebäude bereits heute um einige Grad aufheizt. Wenn die Temperatur morgen steigt, wird die Heizleistung bereits heute zurückgefahren.

Zudem können genauere Profile erstellt werden. Man kann beispielsweise die Temperatur reduzieren, während man arbeiten ist. Nach dem Feierabend kann die Heizung von unterwegs eingeschaltetund das Zuhause aufgeheizt werden. Während der Heimfahrt wird die Wohnung aufgeheizt und wenn man zu Hause eintrifft, ist die Wohnung wohlig warm vorgeheizt.

In Kombination mit intelligenten Heizungskörpern können auch einzelne Räume stundengenau vorgeheizt werden. Beispielsweise kann das Badezimmer pünktlich zur morgendlichen Dusche um einige Grad aufgeheizt werden.

Auch Überschüsse einer Photovoltaikanlage können direkt in die Wärmepumpe gespeist werden. In Neubauten sind heutzutage Lüftungssysteme obligatorisch. Auch diese werden in die intelligente Steuerung einbezogen.

Durch eine smarte Steuerung kann eine Wärmepumpe sinnvoller und effizienter genutzt werden. Zudem sind Fernzugriffe möglich und Echtzeitdaten abrufbar.

Bereits heute bieten viele Hersteller eine Anbindung an verschiedene Smart Home Protokolle an. Das am weitesten verbreitete ist das **KNX-Protokoll**, auf das viele Hersteller setzen. Beispielsweise verwendet der Elektronik Mischkonzern Bosch die KNX-Komptabilität für sein ***Bosch Smart Home***.

Zudem bieten die meisten Hersteller Erweiterungsmodule für eine KNX-Anbindung an. Mit diesen Modulen kann die Wärmepumpe ins bestehende KNX-System des Hauses integriert werden. Einige Hersteller bieten ein abgeschlossenes System, inklusive einer Cloud, an. Vor allem bei einem Neubau sollte man sich über die Möglichkeiten einer Smart Home Umsetzung informieren.

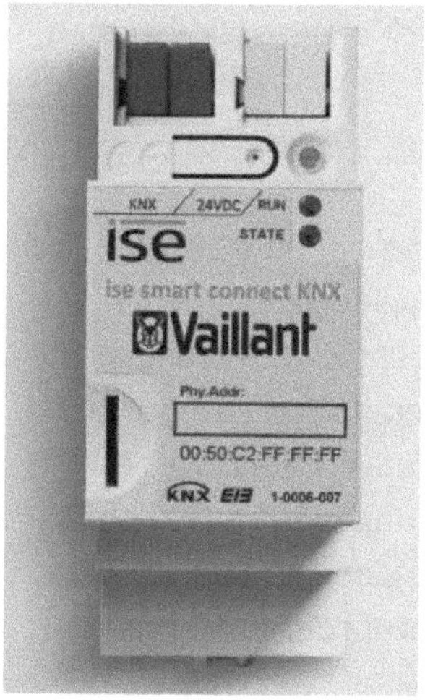

Abbildung 74 Reglermodul ise smart connect KNX Vaillant

Doch die intelligente Nutzung von Wärmepumpen beschränkt sich nicht nur auf das eigene Zuhause. In den kommenden Jahren werden im Zuge der Energiewende immer mehr regenerative Energien, wie Photovoltaik oder Wind- und Wasserkraft an das öffentliche Stromnetz angeschlossen. Es wird zu Zeiten kommen, an denen deutlich zu viel Strom produziert werden wird, beispielsweise in den Mittagsstunden oder bei starken Winden. Dafür müssen große Elektro- und Wasserstoffspeicher vorgesehen werden.

Doch wie wir bereits in den eigenen vier Wänden gesehen haben, können auch Wärmepumpen als Speicher bzw. Puffer dienen, indem sie das Haus aufheizen und den Strom in Form von Wärme abpuffern. Natürlich werden die Eigentümer der Wärmepumpen dafür entlohnt.

Zukünftig wird es sehr wahrscheinlich keinen festen Strompreis mehr geben, sondern einen stundengenauen Strompreis, der von der momentanen Erzeugung abhängt. Dabei kann es zu den Mittagsstunden vorkommen, dass wir den Strom zum Nulltarif beziehen können.

Zukünftig wird das Stromnetz mit den Verbrauchern „kommunizieren", um den Verbrauch an die Erzeugung anzupassen. Dabei spricht man von einem intelligenten Stromnetz, kurz **Smart Grid**. Sowohl die Stromerzeuger als auch die Verbraucher profitieren von einem vernetzten System.

Dabei werben viele Hersteller, dass ihre Wärmepumpen *Smart-Grid-Ready* (SG ready) sind.

Das SG Ready-Label hilft, Wärmepumpen zu identifizieren, die über eine definierte Schnittstelle zwecks Lastmanagement zur Netzdienlichkeit angesprochen werden können. Diese Schnittstelle kann beispielsweise von Netzbetreibern zur Steuerung des Geräts verwendet werden.

https://www.waermepumpe.de/normen-technik/sg-ready/

Der Einbau einer Wärmepumpe ist bereits heute ein zukunftssicherer Schritt. Beim Einbau der Wärmepumpe, sowie bei deren Dimensionierung gibt es jedoch noch einiges zu beachten, um einen langen, effizienten Betrieb zu ermöglichen.

7.4 Dimensionierung und Montage

Die richtige Dimensionierung einer Wärmepumpe bestimmt die Effizienz und Langlebigkeit. Jedoch gibt es einige Sonderfälle, bei denen sich die Auslegung erschwert. Eine Sache, die man bei der Dimensionierung der Leistung einer Wärmepumpe beachten muss, ist, dass der Heizbedarf von neuerbauten Wohngebäuden immer weiter fällt. Moderne Neubauten oder Passivhäuser haben einen geringen Heizwärmebedarf. Der Warmwasserbedarf für Dusche und Badewasser ist jedoch weitestgehend unabhängig vom Heizbedarf, sondern hängt von der Anzahl der Bewohner ab.

Wenn der Extremfall eintritt und die Wärmepumpe mit dem Heizen des Gebäudes beschäftigt ist und gleichzeitig der Warmwasserspeicher entleert wird, reicht die Leistung der Wärmepumpe häufig nicht aus, um den Warmwasserspeicher wieder aufzuheizen und zeitgleich das Haus zu versorgen.

Meistens sind Warmwasserspeicher im Bereich bis maximal 200 l vorgesehen. Dieser reicht für zwei Duschvorgänge. Wenn mehr Warmwasser benötigt wird, sollte der Speicher größer gewählt werden.

Generell gilt bei Niedrigenergiehäusern, dass bei kleinen Heizleistungen ein separater Warmwasserspeicher mit großem Inhalt vorgesehen werden soll. Bei der Planung des Heizraumes ist dafür auf ausreichend Platz vorzusehen.

Ein weiteres Beispiel, das es bei der Dimensionierung der Wärmepumpe zu beachten gilt, ist, dass die Leistung von der Außentemperatur abhängt. Das dazugehörige Diagramm haben wir bereits kennengelernt.

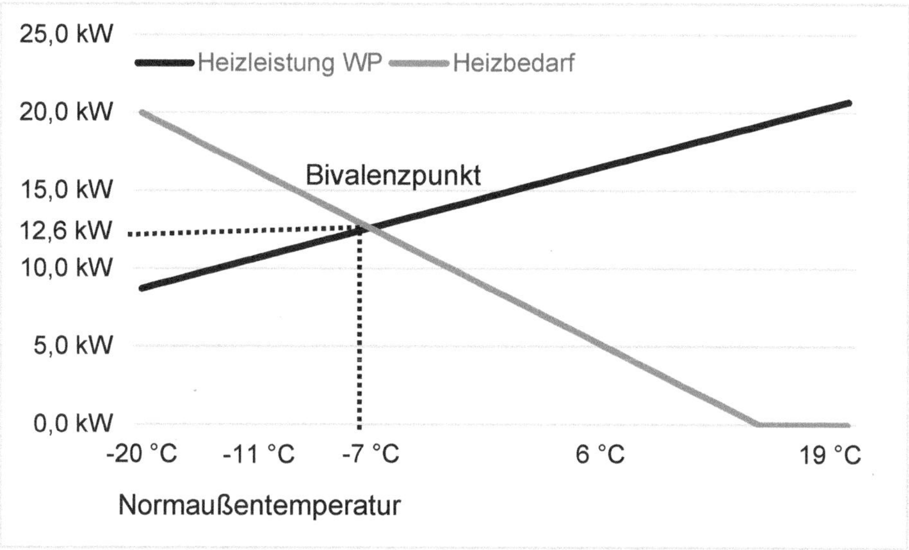

Abbildung 75 Verlauf der Heizleistung in Abhängigkeit der Außentemperatur

Jedoch hängt die Heizleistung nicht nur von der Außentemperatur ab, sondern vom Temperaturhub und damit auch von der Vorlauftemperatur des Heizwassers. Das bedeutet, dass eine Wärmepumpe, die eine Vorlauftemperatur von 35 °C erzeugt, eine niedrigere Heizleistung benötigt, als die gleiche Wärmepumpe bei einer Vorlauftemperatur von beispielsweise 55 °C. Daher müssen wir immer die Herstellerangaben der Wärmepumpe beachten. Oftmals beschönigen Hersteller die Werte ihrer Modelle, indem sie die optimalen Bedingungen wie eine Außentemperatur von 7 °C und eine Vorlauftemperatur von 35 °C annehmen.

Heizleistung in kW bei A7W35 (EN 14511): 10,2 kW

Wenn wir jedoch eine Heizung mit z. B. 55 °C anstatt 35 °C verwenden, müssen wir uns auch die Leistung der Wärmepumpe bei einem höheren Temperaturhub anschauen. Ein realistischer Wert derselben Wärmepumpe könnte dabei lauten: *Heizleistung in kW bei A7W55 (EN 14511): 8,8 kW.*

Das bedeutet, dass bei einem Temperaturhub von 47 °C bereits nur noch 8,8 kW an Heizleistung bereitgestellt werden sollen. Wenn unser Gebäude einen Bivalenzpunkt-Wärmebedarf von 9,5 kW aufweist, würde die Wärmepumpe bei einer Vorlauftemperatur von 35 °C ausreichen. Bei einer Vorlauftemperatur von

55 °C wäre sie unterdimensioniert. Der Heizstab müsste häufig einsetzen und die Effizienz würde erheblich leiden.

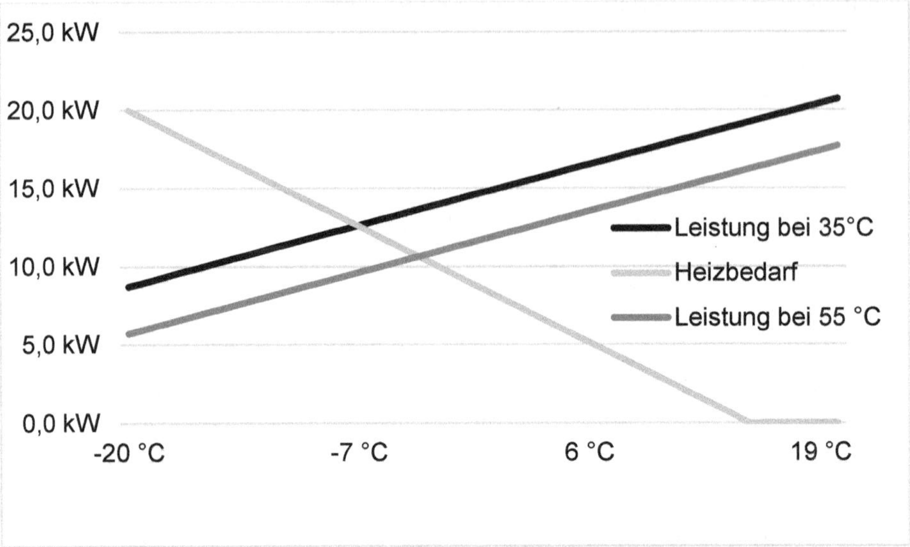

Abbildung 76 Beispiel: Leistungsdifferenz einer Wärmepumpe bei unterschiedlichen Vorlauftemperaturen

Die Auslegung der Heizleistung hängt nicht nur vom Heizbedarf, sondern auch von der Vorlauftemperatur ab. Der Heizungsfachmann oder der Energieberater muss diesen Sachverhalt in die Auslegung der Wärmepumpe mit aufnehmen.

Neben der Auslegung gibt es auch bei der Montage einige Besonderheiten zu beachten, damit die Wärmepumpe möglichst effizient und lange arbeiten kann.

Wir haben bereits gesehen, dass die Montage oftmals einen größeren Einfluss auf die Leistung, Effizienz und Langlebigkeit der Wärmepumpe hat als die Auswahl des Geräts. Allein bei der Auswahl des Standortes der Außeneinheit einer Luft-Wasser-Wärmepumpe gibt es einiges zu beachten. Beispielsweise sollte man die Luft Ausblasrichtung nicht in Richtung des Schlafzimmers wählen. Auch schlucken Sträucher und Hecken zwar den Schall hervorragend, jedoch werden Pflanzen eingehen, wenn sie dauerhaft von der kalten Ausgangsluft der Wärmepumpe angeblasen werden.

Auch der Untergrund, auf dem die Außeneinheit aufgestellt wird, darf nicht versiegelt sein, da Kondenswasser ablaufen muss. Ein weiterer Sachverhalt, der bei der Planung berücksichtigt werden muss, ist, ob im Heizsystem eine Einzelraumregelung integriert wird.

Wie es der Name schon vermuten lässt, ist mithilfe einer Einzelraumregelung die Temperatur in jedem Raum separat einstellbar. Das kann beispielsweise durch eine smarte KNX-Steuerung erfolgen, wie wir es im vorherigen Kapitel bereits kennengelernt haben.

Bei einer Einzelraumregelung können die einzelnen Ventile der Zuleitungen individuell geöffnet werden. Dadurch kann der Durchfluss in den verschiedenen Räumen des Gebäudes individuell eingestellt werden.

Dabei muss beachtet werden, dass stets ein minimaler Durchfluss gewährleistet wird. Andernfalls arbeitet die Wärmepumpe nicht effizient. Zudem kann ein zu geringer Durchfluss schädlich für die Umwälzpumpe sein. Je nach Wärmepumpenmodell ist eine minimale Durchflussmenge vorgegeben.

Auch bei der Montage gibt es einige Dinge zu beachten. Die Leistung, welche eine Wärmepumpe bereitstellen muss, hängt von vielen Faktoren ab, beispielsweise der Außentemperatur. Damit die Wärmepumpe die Außentemperatur erfassen kann, verfügen Wärmepumpen je nach Ausführung über einen **Temperaturfühler**. Dabei handelt es sich um ein Bauteil, welches an der Außeneinheit, dem Verdampfer, befestigt wird. Der Temperaturfühler misst die Umgebungstemperatur und übermittelt die Daten über ein Kabel an die Steuereinheit. Diese befindet sich, je nach Wärmepumpenmodell, wiederum im Heizraum.

Bei der Montage des Temperaturfühlers muss darauf geachtet werden, dass er die Temperatur akkurat aufnehmen kann. Das bedeutet, dass der Temperaturfühler beispielsweise nicht in die Abluft der Außeneinheit einer Luft-Wasser-Wärmepumpe moniert werden darf. Denn die Abluft ist meist circa 5 °C kälter als die Zuluft beziehungsweise die Umgebungsluft. Ebenso darf der Temperaturfühler nicht an Stellen des Verdampfers moniert werden, welche sich beim Betrieb erwärmen. Das ist beispielsweise am Kompressor der Fall, welcher bei einigen Wärmepumpen-Split-Modellen in der Außeneinheit mit verbaut wird.

7.5 Wärmepumpe zur Kühlung

Wir haben bereits gesehen, dass der Kältemittelkreislauf einer Wärmepumpe vom technischen Aufbau her einem Kühlschrank, einer Gefriertruhe oder einer Klimaanlage gleicht. Lediglich der Ein- und Ausgang sind vertauscht.

Jedoch ist, vor allem bei heißeren Tagen, auch die Kühlung des Wohngebäudes oftmals eine Notwendigkeit. Wir haben bereits angeschnitten, dass in diesen Fällen eine Wärmepumpe auch zur Kühlung verwendet werden kann.

Die Kühlleistung eines Systems hängt, genau wie die Heizleistung auch, von der Fläche der Heiz- bzw. Kühlkörper ab. Daher ist die Kühlfunktion einer Wärmepumpe in den meisten Fällen nur mit einer Fußbodenheizung realisierbar. Zudem ist die absolute Kühlleistung der Anlage im Vergleich zur Heizleistung deutlich reduziert. Ein Grund dafür ist die Konvektion. Warme Luft steigt nach oben. Eine Deckenheizung ist für die Kühlung effizienter als eine Fußbodenheizung. Aber wie stark ist dieser Effekt in der Praxis tatsächlich?

Die am meisten verbaute Wärmepumpe ist die Luft-Wasserwärmepumpe. Wenn diese zur Kühlung verwendet wird, wird die Wärmeluft aus dem Zimmer aufgenommen, mittels des Kühlmittels weiter erhitzt und anschließend an die Umgebungsluft abgeben.

Bei der Kühlfunktion einer Wärmepumpe wird der Kältekreislauf umgekehrt. Es wird circa 18 °C kaltes Wasser durch die Flächenheizungen, wie z. B. die Fußbodenheizung geführt. Dadurch senkt sich die Raumtemperatur um **circa 3 °C** ab. Durch die Kombination mit einem Konvektionsgebläse, welches die oberen Luftschichten des Raums zum Boden (auf die Fußbodenheizung) bläst, lässt sich der Effekt auf bis **maximal 6 °C** verstärken.

Am Sommeranfang ist die Kühlfunktion meist ausreichend, um eine geräuschlose, gleichmäßige und klimaneutrale Kühlung zu gewährleisten. Im Hochsommer kommt die Kühlleistung jedoch meistens an ihre Grenzen. Normale Heizkörper können nicht zum Kühlen verwendet werden.

Beim Einbau einer Fußbodenheizung mit Kühlfunktion muss unbedingt beachtet werden, dass die Leitungen isoliert sind. Denn beim Abkühlen kann sich ansonsten Kondenswasser bilden. Das „Schwitzen" der Leistungen kann zu Pilzbildungen führen.

Zudem muss das Haus die Kühlung unterstützen. Das bedeutet, dass beispielsweise eine Trennung von Trink- und Heizwasser gegeben ist. Oftmals ist dies durch Ventile im Heizungsraum umschaltbar. Bei Neubauten wird das bei der Planung berücksichtigt und ist mittlerweile standardmäßig vorhanden.

Bei der Verwendung einer Luft-Wasser-Wärmepumpe zur Kühlung spricht man von einer **aktiven Kühlung**. Die Wärmepumpe muss die Energie der Raumluft aktiv über den Kältemittelkreislauf an die Umgebungsluft abgeben.

Eine Alternative ist die Kühlung mittels einer Erdwärme-Wärmepumpe. Im Winter nutzen wir die Erdwärme, die, je nach Tiefe, im Bereich von circa 7 °C liegt, um das Haus zu wärmen.

Im Sommer steigt die Temperatur auf circa 15 °C an. Im Vergleich zur Außentemperatur ist das relativ gering. Wir können das kalte Erdreich nutzen, um die ungewollte Gebäudewärme abzuleiten. Auch hier werden wieder ausschließlich Flächenheizungen, wie eine Fußbodenheizung, verwendet. Jedoch wird kein Kältemittelkreislauf verwendet, weshalb man auch von einer **passiven** oder **natürlichen Kühlung** spricht. Auch eine Grundwasser-Wärmepumpe kann zur passiven Kühlung eingesetzt werden.

Der Vorteil der passiven Kühlung ist, dass wir nahezu keine Energie aufbringen müssen. Lediglich eine Umwälzpumpe muss betrieben werden, was Energie und Kosten einspart. Zudem wird die Lebensdauer der Wärmepumpe nicht merklich verringert.

Die Kühlleistung einer passiven Kühlung ist in der Regel vergleichbar mit einer aktiven Kühlung, tendenziell etwas geringer. Es ist eine Minderung der Raumtemperatur von 3 °C zu erwarten. Das bedeutet, dass auch bei der passiven Kühlung oftmals ein zusätzliches Kühlsystem verwendet wird. Dennoch ist die Kombination einer Wärmepumpenkühlung und einer Klimaanlage durchaus interessant. Die Wärmepumpe arbeitet effizient und entlastet die Klimaanlage. Dadurch können wir sowohl Kosten als auch Energie sparen. Durch eine Photovoltaikanlage können auch hier die Kosten drastisch reduziert werden. Im Gegensatz zum Heizbedarf passt das Kühlprofil des Hauses sehr gut zum Erzeugerprofil der Photovoltaikanlage.

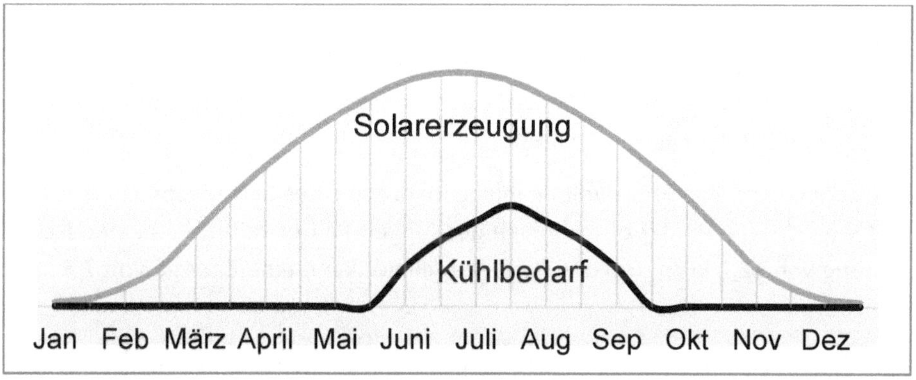

Abbildung 77 Kühlbedarf und Photovoltaikerzeugung im Jahresverlauf

Dadurch kann die Kühlung zu nahezu 100 % aus der eigenen Photovoltaikanlage bereitgestellt werden. Die Kühlung ist dadurch wirtschaftlich und ökologisch konkurrenzlos. Bei der Auswahl der Wärmepumpe müssen wir darauf achten, dass ein **reversibler Betrieb** möglich ist, was bedeutet, dass der Kältemittelkreislauf der Wärmepumpe umgekehrt und zur Kühlung genutzt werden kann.

8 Praxisbeispiele

Als letztes Kapitel schauen wir uns drei Fallbeispiele an, die zeigen, was es bei verschiedenen Gebäuden zu beachten gibt. Denn jedes Gebäude benötigt eine individuelle Betrachtung. Zudem schauen wir uns konkrete Wirtschaftlichkeitsberechnungen an. Dabei gilt wie immer, nicht die aktuellen Zahlen als Maßstab zu nehmen. Diese können, wenn dieses Buch gelesen wird, bereits wieder anders aussehen. Vielmehr geht es darum, dass wir unsere Wahrnehmung, für die wichtigen Dinge schulen.

Wir beginnen mit dem ersten Beispiel, bei dem sich ein junges Paar den Traum vom eigenen, autarken Haus erfüllen möchten.

8.1 Wärmepumpe im Neubau

Das Haus steht in Zentraldeutschland bei einer **Normaußentemperatur von – 12 °C** und wird mit dem Energiestandard KfW40 Plus gebaut. Das bedeutet, dass das junge Paar eine besonders dichte Gebäudehülle anstrebt. Beispielsweise ist die Dämmung der Gebäudehülle ganze 32 cm dick.

Durch das Erfüllen des KfW40 Plus Standards sind staatliche Förderungen von **bis zu 25 % (max. 37.500 €)** pro Wohneinheit möglich.

Die aktuellen Fördersätze für Neubauten verändern sich stetig. Gegebenenfalls sind diese zum Zeitpunkt des Lesens dieses Ratgebers nicht mehr aktuell. Die aktuellen Fördermöglichkeiten erfährt man in der Regel vom Energieberater oder der Baufirma. Auch Architekten sind häufig auf dem aktuellen Stand.

Zusätzlich muss eine Photovoltaikanlage inklusive eines Batteriespeichers installiert werden. Die Photovoltaikanlage des jungen Paares misst dabei eine Nennleistung von **12,2 kWp** und der Batteriespeicher kann eine Energie von 7,8 kWh speichern.

Die Wohnfläche beläuft sich dabei auf 120 m² auf insgesamt 1,5 Stockwerken.

Durch die standardmäßig gute Isolierung des Gebäudes hat der Energieberater des Paares einen Wärmeenergiebedarf von **30 Kilowattstunden pro Quadratmeter und pro Jahr** ermittelt sowie eine Heizlast bei Normaußentemperatur von 5,2 kW. Dabei wurde der zukünftige Kinderwunsch bereits berücksichtigt.

Bei einer Wohnfläche von 120 m² ergibt dies einen Heizlastbedarf von **3.600 kWh jährlich**.

Aufgrund des geringen Wärmebedarfs entscheidet sich das Paar für eine Luft-Wasser-Wärmepumpe. Eine Luft-Wasser-Wärmepumpe in dieser Leistungsklasse ist inklusive Installation bereits für 10.000 € bis 15.000 € zu bekommen.

Das junge Paar lässt sich Angebote von verschiedenen Heizungsbauern zukommen. Zu ihrer Überraschung schwanken die Preise im Bereich 10.000 € - 19.000 €. Schlussendlich entscheiden sie sich für einen Heizungsbauer, welcher mit 11.500 € nicht das günstigste Angebot abgegeben hat, jedoch eine jahrelange Erfahrung mit der Installation von Wärmepumpen mitbringt. Verbaut wird eine Wärmepumpe mit einem theoretischen COP von 5,5. Real ist damit eine Jahresarbeitszahl von maximal 4 zu erreichen.

Möglich ist das durch die gute Isolierung der Gebäudehülle und durch eine Fußbodenheizung, welche in der kompletten Wohnfläche verlegt wurde. Zusätzlich ist ein kleiner Kaminofen verbaut. Dieser ist primär aus nostalgischen Gründen verbaut und dient nur unwesentlich zur Beheizung des Gebäudes.

Abbildung 78 Ein Wassergeführter Kamin kann auch zur Brauchwassererwärmung eingesetzt werden.

Kalkulation der Energiekosten:

Um die Heizkosten zu kalkulieren, berechnen wir den elektrischen Verbrauch der Wärmepumpe über ein Jahr. Bei einer Jahresarbeitszahl von 4 liegt dieser bei **3600 kWh / 4 = 900 kWh**.

Das ist ein sehr geringer Wert. Bei einer Photovoltaikanlage mit einer Größe von 12,2 kWp kann die Leistung der Wärmepumpe auch in den Wintermonaten weitestgehend durch die Photovoltaikanlage abgedeckt werden.

Insgesamt 80 %, umgerechnet rund 720 kWh der benötigten 900 kWh, werden von der Photovoltaikanlage bereitgestellt. Die restlichen 180 kWh werden für den gewöhnlichen Strompreis zugekauft. Der Strompreis wird wiederum mit 34 ct/kWh angenommen.

Das bedeutet, dass das junge Paar jährliche Heizkostenkosten in Höhe von $34\, ct/kWh \cdot 180\, kWh\ =\ 61{,}2$ € tragen muss.

Strenggenommen könnte das Paar den Solarstrom für *6,5 ct/kWh* ins öffentliche Stromnetz einspeisen. Daher ergeben sich fiktive Kosten von
$6{,}5\, ct/kWh \cdot 720\, kWh\ =\ 46{,}8$ €.

Die Heizkosten belaufen sich insgesamt auf **108 € jährlich**. Ohne eine Photovoltaikanlage würden sich die jährlichen Heizkosten auf 306 € belaufen. Das ist immer noch günstig, jedoch würden zukünftige Strompreissteigerungen deutlich stärker ins Gewicht fallen.

Durch einen sehr guten Wärmestandard, eine Photovoltaikanlage und eine Wärmepumpe hat das junge Paar monatliche Heizkosten von 9 €. Selbst, wenn sich der Strompreis verdoppeln sollte, kann das junge Paar die Mehrbelastung leicht abfedern.

Zusätzlich speist die Photovoltaikanlage (je nach Stromverbrauch des Hauses) die überschüssige Energie von 5.000 bis 7.000 kWh ein. Dadurch erhalten sie eine Einspeisevergütung, die über den Strom und Heizkosten des Hauses liegt.

Zusammengefasst bedeutet dies, dass das Haus sowohl energietechnisch als auch monetär ein **Überschusshaus** darstellt.

Dank der Photovoltaikanlage, der Wärmepumpe und des Batteriespeichers ist das junge Paar weitestgehend unabhängig und vor zukünftigen Preissteigerungen bei Gas, Öl oder Strom geschützt. Natürlich dürfen wir die Investitionskosten nicht vernachlässigen, jedoch zeigt das Beispiel, dass man bereits heute zu großen Teilen autark bauen und leben kann.

Als Letztes schauen wir uns die Wärmepumpe im Vergleich zu einer Gasheizung an. Eine Gasheizung ist dabei etwas günstiger und liegt im Bereich von 4.000 bis 9.000 € inklusive der Installation. Zusätzlich kommen Kosten in Höhe von bis zu 3.000 € für einen Gasanschluss hinzu. Für die Kalkulation verwenden wir einen einfachen Durchschnittswert und nehmen an, dass die Gasheizung, mit Kosten von 6.500 € inklusive eines Gasanschlusses, ganze 5.000 € günstiger ist als die Wärmepumpe. In der Realität ist der Preisunterschied meist geringer.

Zusätzlich sind Kosten für den Schornsteinfeger von 50 € jährlich anzunehmen.

Die folgende Tabelle zeigt den Verlauf der gesamten Kosten der Wärmepumpe und der Gasheizung im Vergleich. Die Kosten setzten sich zusammen aus Anschaffungskosten und laufenden Kosten. Die Effizienz der Gasheizung wird dabei mit hohen 95 % angenommen.

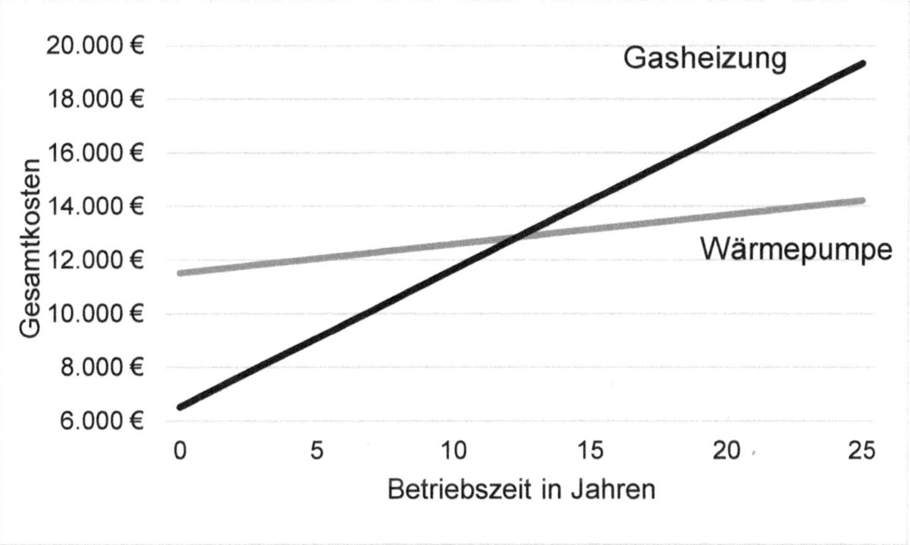

Abbildung 79 Kosten einer Wärmepumpe gegenüber den Kosten einer Gastherme

Wir sehen, dass die Anfangskosten für die Wärmepumpe um 5.000 €, über denen der Gastherme liegen. Doch im Laufe der Jahre übersteigen die gesamten Kosten der Gastherme die Kosten der Wärmepumpe.

Bei diesem Beispiel wurde ohne eine Inflationsanpassung, einer steigenden CO_2-Steuer oder einem Mehranstieg des Gaspreises, gegenüber dem Strompreis gerechnet. All diese Faktoren reduzieren die Amortisationszeit enorm. Bereits eine Inflationsrate von 2 % und steigenden Gaskosten von 5 % aufgrund der CO_2-Steuer, reduzieren die Amortisationszeit der Wärmepumpe auf **unter 10 Jahre**.

Bei einer Lebenszeit von über 25 Jahren spart die Wärmepumpe Gesamtkosten von **über 15.000 €** ein.

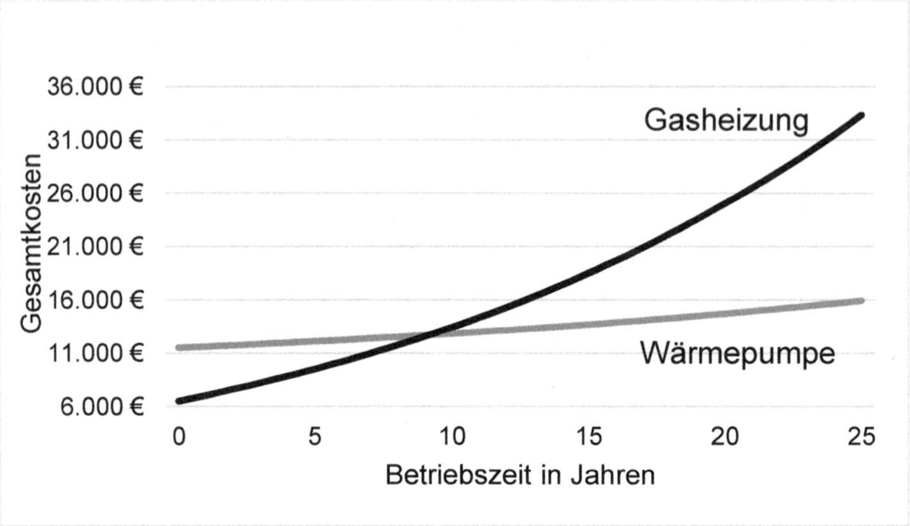

Abbildung 80 Kosten einer Wärmepumpe gegenüber den Kosten einer Gastherme, Inflation von 2 % und einem Mehrpreis durch die CO_2-Steuervon 1 %

Auch die Umwelt freut sich. Über die Laufzeit werden insgesamt **über 20.000 kg CO_2** eingespart.

Zudem ist der gefühlte Wert der Unabhängigkeit nicht monetär aufzuwiegen.

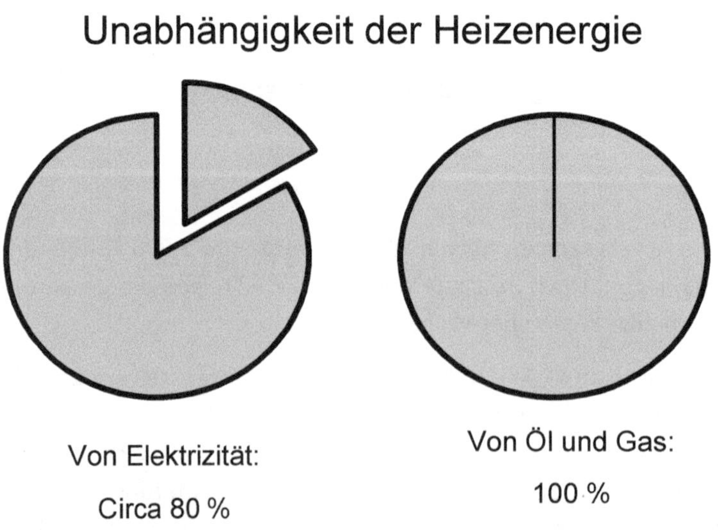

Abbildung 81 Unabhängigkeit von Energielieferanten

Damit beenden wir das erste Fallbeispiel, welches primär dazu diente, den Heizbedarf und die Kosten anhand eines konkreten Beispiels zu kalkulieren. Im nächsten Beispiel schauen wir ein Bestandsgebäude an, bei dem die alte Gasheizung ausgetauscht werden soll.

8.2 Heizungstausch im Bestandsgebäude

Familie *Wärme* lebt seit fast 20 Jahren in ihrem Einfamilienhaus im Norden von Baden-Württemberg. Im Jahr 2005 hat sich die damals vierköpfige Familie den Lebenstraum erfüllt und ein Einfamilienhaus in viel Eigenleistung aufgebaut. Das Wohnhaus ist frei stehend und besitzt eine beheizte Wohnfläche von 190 m^2. Ein zusätzlicher Keller ist ebenfalls vorhanden. Dieser zählt jedoch weder zur Wohnfläche, noch wird er aktiv beheizt.

Eigentlich ist Familie *Wärme* glücklich, doch seit geraumer Zeit sind laute Brummgeräusche aus der verbauten Gasbrennwerttherme zu vernehmen. Ab und an fällt der Gasbrenner aus, sodass Familie *Wärme* sich dazu entscheidet, die aktuelle Heizung vor dem nächsten Winter auszutauschen. Schnell wird die Familie auf das Thema Wärmepumpen aufmerksam. Eine Photovoltaikanlage ist zwar noch nicht vorhanden, aber soll ebenfalls die nächsten Jahre aufgerüstet werden.

Stand des Wärmebedarfs:

Da die Familie schon seit fast 20 Jahren in ihrem Haus lebt, sind die Wärmeverbräuche der letzten Jahre vorhanden. Die Familie verwendet Gas als primäre Energiequelle. Die letzten Gasabrechnungen ergaben Werte von:

Jahr	Primärenergie in kWh
2017	23.700 kWh
2018	24.500 kWh
2019	23.500 kWh
2020	19.500 kWh
2021	21.500 kWh

Vom Jahr 2019 auf das Jahr 2020 ist der Verbrauch signifikant gefallen. Das ist darin zu begründen, dass die beiden Kinder der Familie *Wärme* ausgezogen sind. Sie sind nur ein- bis zweimal wöchentlich zu Besuch und das Haus wird seither nur noch von den Eheleuten bewohnt.

Zunächst berechnen wir einige Kennzahlen des Hauses, um später besser abschätzen zu können, welche Wärmepumpe effizient verwendet werden kann.

Als Energiebedarf wird der höhere Wert der letzten zwei Jahre herangezogen. Zu diesem Zeitpunkt waren die Kinder bereits ausgezogen, daher ist dieser Wert aussagekräftiger.

Bei einem Heizbedarf von 21.500 kWh und einer beheizten Wohnfläche von 190 m² ergibt das ein Wärmeenergiebedarf von. $113 \frac{kWh}{m^2 \cdot a}$ Der Energieausweis des Hauses gibt einen Wert von $100 \frac{kWh}{m^2 \cdot a}$ an. Der Mehrverbrauch kann der schlechten Effizienz des Gasbrenners geschuldet sein. Zudem bevorzugt die Familie eine relativ hohe Raumtemperatur von ungefähr 23 °C.

Als Nächstes werden wir den Heizlastbedarf und den zukünftigen Strombedarf abschätzen.

Mit der Faustformel $Heizlast = \frac{Verbrauch}{2500\ h}$ erhalten wir einen Wert von

$\frac{21.500\ \mathrm{kWh}}{2500\ \mathrm{h}} = \mathbf{8,6\ kW.}$

Jeder gängige Hersteller von Wärmepumpen bietet ein Modell in dieser Leistungsklasse an. Die Familie *Wärme* hat eine entsprechend große Auswahl.

Bevor wir uns anschauen, welcher Stromverbrauch sich ergibt, gibt es beim Austausch der Heizungsanlage einiges zu beachten.

Wie wir gesehen haben, ist eine Wärmepumpe nur bis Vorlauftemperaturen von maximal 55 °C effizient. Zudem muss das Gebäude über große Heizkörper oder eine Fußbodenheizung verfügen. Familie *Wärme* besitzt eine Fußbodenheizung. Zudem sind Gebäude nach der Jahrtausendwende in der Regel so gut gedämmt, dass der Austausch einer alten Gasheizung 1 zu 1 gegen eine Wärmepumpe möglich ist. Wie immer bestätigen Ausnahmen die Regel. Wie wir abschätzen können, ob noch zusätzliche Maßnahmen notwendig sind, sehen wir beim nächsten Beispiel. Für das Haus der Familie *Wärme* kann die Heizung direkt ausgetauscht werden.

Als Nächstes berechnen wir den zusätzlichen Stromverbrauch, der sich durch die Umstellung auf eine Wärmepumpe ergibt. Der zukünftige Stromverbrauch hängt dabei von der Art der Wärmepumpe, bzw. der Jahresarbeitszahl ab.

Zudem muss der Wirkungsgrad der Gastherme einbezogenwerden. Denn 21.500 kWh Primärenergieverbrauch entsprechen bei einem Wirkungsgrad von 90 % nur ungefähr 19.350 kWh.

Je nach verwendeter Wärmepumpe erhöht sich der Strombedarf zukünftig.

Wärmepumpentyp	**Jahresarbeits-zahl**	**Zukünftiger Strom-betrag**	**Stromkosten**
Wasser-Wasser	4,5	4.300 kWh	1.462 €
Sole-Wasser	4	4.838 kWh	1.645 €
Luft-Wasser	3,5	5.529 kWh	1.880 €

Wir sehen anhand dieses Beispiels, dass die Wasser-Wasser-Wärmepumpe eine jährliche Kostenersparnis von 418 € gegenüber eine Luft-Wasser-Wärmepumpe hat.

Familie *Wärme* hat sich in der Nachbarschaft umgehört, und mitbekommen, dass ein Nachbar einen Brunnen betreibt. Daher wäre sogar eine Grundwasser-Wärmepumpe möglich. Mit diesem Wissen sucht Familie Wärme einen Heizungsfachmann auf.

Wenn keine zusätzlichen Dämmmaßnahmen unternommen werden und die Heizlast deshalb weitestgehend konstant bleibt, ist kein Energieberater notwendig. Ebenso ist eine Heizlastbetrachtung nicht notwendig.

Familie Wärme lässt sich von jeweils zwei Heizungsbetrieben zwei Angebote anfertigen. Jeweils ein Angebot für eine Luft-Wasser-Wärmepumpe und jeweils eines für eine Grundwasser-Wasser-Wärmepumpe.

Bei den Angeboten muss stets auf die Vergleichbarkeit geachtet werden. Zwischen den Geräten gibt es große Preisunterschiede.

Das lukrativste Angebot hat die Firma *Heiß und Wohlig GmbH* abgegeben.

	Luft-Wasser-WP	Wasser-Wasser-WP
Angebot der Firma ***Heiß & Wohlig***	20.000 €	29.200 €
Nach Förderung -35 %	13.650 €	18.980 €

Mit diesen Angeboten kann die Familie kalkulieren, ob sich der Mehrpreis für eine Wasser-Wasser-Wärmepumpe auszahlt.

Zunächst berechnen wir, wann sich der Netto-Mehrpreis der Wasser-Wasser-Wärmepumpe von 5.330 € durch die geringeren Betriebskosten amortisiert.

$$\boldsymbol{Amortisationszeit} = \frac{\mathbf{5330\ €}}{\mathbf{418\ €}} \approx \mathbf{12,75\ Jahre}.$$

Fast 13 Jahre hört sich auf den ersten Blick nach recht viel an. Jedoch gilt dabei zu beachten, dass die Anlagen eine erwartete Lebensdauer von 25+ Jahren haben. Zudem sind wir hierbei von konstanten Stromkosten ausgegangen. Nehmen wir jedoch eine Stromkostensteigerung von jährlich 2 % an, das liegt unter den derzeitigen Inflationserwartungen. Dann ergibt sich folgende Tabelle:

Jahr	Strompreis	Ersparnis WW-WP zu LW-WP	Gesamtersparnis	Mehrkosten WW-WP zu LW-WP
1	34,0 ct	418 €	418 €	-4.912 €
2	34,7 ct	426 €	844 €	-4.486 €
3	35,4 ct	435 €	1.279 €	-4.051 €
4	36,1 ct	443 €	1.722 €	-3.608 €
5	36,8 ct	452 €	2.175 €	-3.155 €
6	37,5 ct	461 €	2.636 €	-2.694 €
7	38,3 ct	471 €	3.106 €	-2.224 €
8	39,1 ct	480 €	3.586 €	-1.744 €
9	39,8 ct	490 €	4.076 €	-1.254 €
10	40,6 ct	499 €	4.575 €	-755 €
11	41,4 ct	509 €	5.085 €	-245 €
12	42,3 ct	520 €	5.604 €	274 €
13	43,1 ct	530 €	6.134 €	804 €
14	44,0 ct	541 €	6.675 €	1.345 €
15	44,9 ct	551 €	7.226 €	1.896 €
16	45,8 ct	562 €	7.789 €	2.459 €

17	46,7 ct	574 €	8.362 €	3.032 €
18	47,6 ct	585 €	8.947 €	3.617 €
19	48,6 ct	597 €	9.544 €	4.214 €
20	49,5 ct	609 €	10.153 €	4.823 €
21	50,5 ct	621 €	10.774 €	5.444 €
22	51,5 ct	633 €	11.407 €	6.077 €
23	52,6 ct	646 €	12.053 €	6.723 €
24	53,6 ct	659 €	12.712 €	7.382 €
25	54,7 ct	672 €	13.384 €	8.054 €

Strompreis Entwicklung bei 2 % Inflation

Die Amortisationszeit verkürzt sich, durch die steigenden Strompreise, auf knapp 12 Jahre. Zudem bringt die Wärmepumpe, innerhalb einer geschätzten Lebensdauer von 25 Jahren, eine zusätzliche Ersparnis von über 8.000 € ein.

Uns muss bewusst sein, dass diese Berechnungen nur grobe Abschätzungen darstellen. Es werden mehrere Annahmen und Vereinfachungen getätigt. Das Beispiel soll keineswegs eine genaue Berechnung darstellen, sondern nur aufzeigen, wie sich verschiedene Einflussfaktoren auf die Amortisationszeit auswirken.

Ebenfalls zu beachten ist, dass Familie Wärme zukünftig eine Photovoltaikanlage installieren lassen möchte. Dabei sinken die gesamten laufenden Stromkosten.

Dadurch, dass die Stromkosten sinken, würde sich der Mehrpreis für die Wasser-Wasser-Wärmepumpe erst deutlich später, nämlich nach 13 bis 15 Jahren amortisieren. Dennoch wäre die Wasser-Wasser-Wärmepumpe die bessere Wahl als beispielsweise eine Luft-Wasser-Wärmepumpe.

In der Regel rentiert es sich, eine Wärmepumpe mit einem maximal hohen COP-Wert zu verwenden. Deshalb entscheidet sich Familie *Wärme* für eine Wasser-Wasser-Wärmepumpe.

Der Austausch der Heizung ist der Familie die Investitionskosten von fast 19.000 € wert. Eine Gastherme würde mit knapp 7.000 € zwar deutlich weniger kosten, jedoch spart die Familie im laufenden Betrieb jede Menge Geld. Zusätzlich arbeitet die Wärmepumpe um den Faktor 4 effizienter, weshalb zukünftige Energiepreiserhöhungen sich deutlich weniger bemerkbar machen werden.

Jahr	Strompreis	Gaskosten	Stromkosten	Gaskosten	Jahres-Ersparnis	Gesamt-ersparnis
1	28,8 ct	12,2 ct	1.238 €	2.623 €	1.385 €	-10.615 €
2	29,4 ct	12,4 ct	1.263 €	2.675 €	1.412 €	-9.203 €
3	30,0 ct	12,7 ct	1.288 €	2.729 €	1.441 €	-7.763 €
4	30,6 ct	12,9 ct	1.314 €	2.784 €	1.469 €	-6.293 €
5	31,2 ct	13,2 ct	1.340 €	2.839 €	1.499 €	-4.794 €
6	31,8 ct	13,5 ct	1.367 €	2.896 €	1.529 €	-3.266 €
7	32,4 ct	13,7 ct	1.395 €	2.954 €	1.559 €	-1.706 €
8	33,1 ct	14,0 ct	1.423 €	3.013 €	1.590 €	-116 €
9	33,7 ct	14,3 ct	1.451 €	3.073 €	1.622 €	1.506 €
10	34,4 ct	14,6 ct	1.480 €	3.135 €	1.655 €	3.161 €
11	35,1 ct	14,9 ct	1.510 €	3.197 €	1.688 €	4.849 €
12	35,8 ct	15,2 ct	1.540 €	3.261 €	1.722 €	6.570 €
13	36,5 ct	15,5 ct	1.571 €	3.327 €	1.756 €	8.326 €
14	37,3 ct	15,8 ct	1.602 €	3.393 €	1.791 €	10.118 €
15	38,0 ct	16,1 ct	1.634 €	3.461 €	1.827 €	11.944 €
16	38,8 ct	16,4 ct	1.667 €	3.530 €	1.863 €	13.808 €
17	39,5 ct	16,7 ct	1.700 €	3.601 €	1.901 €	15.709 €
18	40,3 ct	17,1 ct	1.734 €	3.673 €	1.939 €	17.647 €
19	41,1 ct	17,4 ct	1.769 €	3.746 €	1.978 €	19.625 €
20	42,0 ct	17,8 ct	1.804 €	3.821 €	2.017 €	21.642 €
21	42,8 ct	18,1 ct	1.840 €	3.898 €	2.057 €	23.700 €
22	43,7 ct	18,5 ct	1.877 €	3.976 €	2.099 €	25.798 €
23	44,5 ct	18,9 ct	1.915 €	4.055 €	2.141 €	27.939 €
24	45,4 ct	19,2 ct	1.953 €	4.136 €	2.183 €	30.122 €
25	46,3 ct	19,6 ct	1.992 €	4.219 €	2.227 €	32.349 €

Die Tabelle zeigt eindeutig, dass sich die Mehrkosten, von knapp 12.000 € bereits nach neun Jahren ausgezahlt haben. Die Annahmen für diese Berechnung sind wieder der momentane durchschnittliche Gas- und Strompreis, sowie eine zweiprozentige Inflation. Der aktuelle Trend sagt jedoch, vor allem im Gasmarkt, eine deutlich höhere Inflation voraus.

Zudem haben wir die **CO_2-Steuer** vollkommen außen vor gelassen. Diese ist zwar relativ gering, verdoppelt sich in den kommenden Jahren jedoch sukzessive, sodass der Gaspreis allein dadurch bis ins Jahr 2025 um circa 5 % steigen wird.

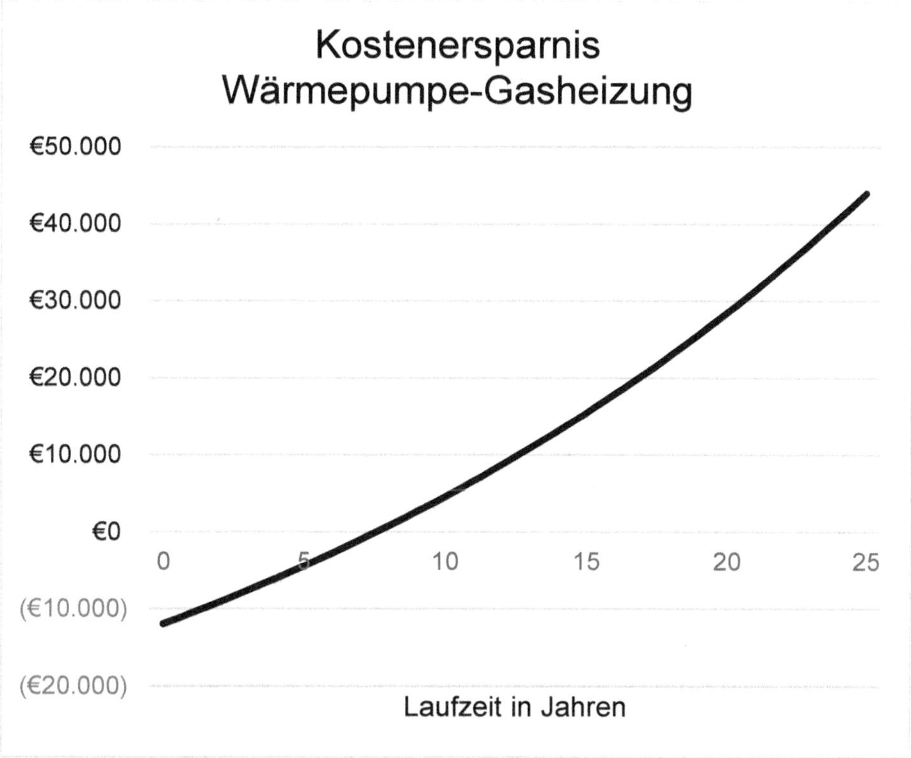

Abbildung 82 Ersparnis der Wärmepumpe gegenüber der Gasheizung. Inflation von 2 % und einem Mehrpreis durch die CO_2-Steuervon 1 %

Auch bei dieser Tabelle wird mit angenommenen Richtwerten gerechnet. Es ist möglich, dass der Gaspreis weniger stark steigt, oder dass die Differenz der Wärmepumpe zur Gastherme höher ausfällt. Zudem wurden keine Finanzierungsmodelle oder Opportunitätskostenabschätzungen vorgenommen. Das würde den Rahmen dieses Einsteiger-Ratgebers mehr als sprengen. Zudem kann niemand die Zukunft vorhersagen.

Dennoch sehen wir bei einer Lebensdauer von 25 Jahren, dass die Wärmepumpe **über 30.000 € einspart**. Wenn wir die Inflation und den CO_2-Preiseinbeziehen, sind es **über 40.000 €.**

Und selbst wenn die Wärmepumpe frühzeitig die Arbeit einstellen sollte, kann bei einer Wasser-Wasser-Wärmepumpe relativ kostengünstig die Inneneinheit ausgetauscht werden. Die Bohrungen stellen einmalige Kosten dar.

Damit beenden wir das Fallbeispiel der Familie *Wärme.*

Wir haben gesehen, dass es in einem relativ modernen Bestandsgebäude in der Regel problemlos möglich ist, die bestehende Gas- oder Ölheizung gegen eine Wärmepumpe auszutauschen. Zusätzlich haben wir gesehen, dass es sinnvoll ist, eine Wärmepumpe mit einem möglichst hohen COP-Wert zu verwenden. Über die Lebensdauer der Wärmepumpe kann bereits ein kleiner Unterschied in der Effizienz der Wärmepumpe einen enormen Kostenvorteil mit sich bringen.

Das nächste Beispiel widerlegt einen der gängigsten Mythen, dass Wärmepumpen in Altbauten nicht rentabel seien.

8.3 Wärmepumpe in Altbauten

Bei diesem Fallbeispiel zeigen wir, dass eine Wärmepumpe auch unter den ungünstigsten Umständen sinnvoll zu betreiben ist.

Die vierköpfige Familie *Heizer* wohnt in einem Altbau aus dem Jahr 1975. Das Haus wurde seither noch nicht energetisch saniert. Lediglich die Fenster wurden im Jahr 2002 gegen dreifachverglaste Kunststofffenster ausgetauscht. In diesem Zug wurde die Ölheizung ebenfalls erneuert. Aufgrund der steigenden Ölpreise und der Förderungen von klimaneutralen Alternativen möchte die Familie *Heizer* die Ölheizung kein weiteres Mal erneuern, sondern gegen eine Wärmepumpe austauschen.

Das ehemalige Familiengebäude bietet auf zwei Vollgeschossen knapp 220 m² Wohnfläche. Der Wärmebedarf hat es demnach in sich. Für die Auslegung der neuen Heiztechnik hat die Familie Heizer den Ölbedarf der letzten Jahre herausgesucht.

Jahr	Heizöl bedarf	Primärenergie in kWh (1 l = 9,8 kWh)
2017	4000 l	39.200 kWh
2018	3800 l	37.240 kWh
2019	3850 l	37.730 kWh
2020	3800 l	37.240 kWh
2021	3820 l	37.436 kWh

Als Durchschnittswert wird ein Wert von 37.500 kWh angenommen.

Der Heizkessel, welcher mittlerweile nicht mehr zeitgemäß ist, hat einen angenommenen Wirkungsgrad von 80 %. Der reale Heizbedarf des Gebäudes beläuft sich daher auf nur 30.000 kWh. Das ist immer noch eine Menge, aber allein durch den Wechsel des Heizkessels könnte die Familie *Heizer* 10 - 20 % an Heizkosten einsparen.

Der Austausch einer alten Ölheizung ist mittlerweile **verpflichtend**. Ausnahmen bilden Bewohner, die vor 2002 im Gebäude leben. Deshalb wäre Familie Heizer in diesem Fall nicht von der Austauschpflicht betroffen. Wenn sie das Haus jedoch verkaufen würden, wäre der Käufer gesetzlich verpflichtet, die Ölheizung auszutauschen.

Der Energiebedarf von 37.500 kWh entspricht einem Bedarf von circa $170\frac{kWh}{m^2 \cdot a}$.

Die Frage, die sich stellt, ob eine Wärmepumpe effizient arbeiten kann, ist der Temperaturhub. Bei alten Ölheizungen wird die Vorlauftemperatur teilweise auf 70 - 80 °C eingestellt. Eine Wärmepumpe würde bei diesen Vorlauftemperaturen eine JAZ von 1 bis 2 liefern und wäre damit obsolet.

Die Frage, die sich Familie *Heizer* demnach stellen muss, ist:

Kann die Vorlauftemperatur der Heizung auf maximal 55 °C heruntergestellt werden, während das Gebäude dennoch mit genügend Leistung beliefert wird?

Wenn das möglich ist, spricht nichts gegen den Austausch der bisherigen Ölheizung gegen eine Wärmepumpe.

Von welchen Faktoren das abhängt, haben wir bereits in den Tipps zur besseren Energienutzung gesehen.

In dem Altbau ist jedoch keine Fußbodenheizung verbaut. Ob die bisher verbauten Heizkörper groß genug dimensioniert sind, lässt sich nur durch eine Heizlastberechnung beantworten. Im Fall eines Altbaus rentiert es sich, auch ohne sonstige Wärmedämmmaßnahmen, einen Energieberater in die Planung einzubeziehen.

Familie *Heizer* beauftragt folglich einen Energieberater. Dieser soll feststellen, ob eine Wärmepumpe allgemein auch ohne energetische Maßnahmen sinnvoll ist und mit welcher Heizlast zu rechnen ist.

Die Berechnung des Energieberaters hat zwei Szenarien ergeben. Ohne eine Sanierung würde die Familie eine Heizlast von 17 kW benötigen. Der Heizbedarf reduziert sich nicht wesentlich, auf 28.000 kWh. Die Vorlauftemperatur der Heizung kann hierbei durch Austausch von nur zwei Heizkörpern auf 51 °C reduziert werden. Alle anderen Heizkörper sind groß genug ausgelegt.

Oftmals ist es auch in Bestandsgebäuden möglich, die Vorlauftemperatur zu reduzieren. Dennoch ist eine Sanierung sinnvoll, um Energie und Kosten zu sparen.

Bei einer energetischen Sanierung (Wanddämmung, Bodendämmung, Dachdämmung) und dem Austausch der Fenster kann der Heizbedarf auf 12.000 kWh reduziert werden. Die Heizlast sinkt auf 7,5 kW. Durch eine Fußbodenheizung und die geringere Heizlast kann die Vorlauftemperatur auf 39 °C reduziert werden. Die Temperatur noch weiter abzusenken, wäre nur durch Austausch der Heizungsrohre möglich.

Um zu entscheiden, ob die Sanierungsmaßnahmen durchgeführt werden können, muss der Mehrpreis sowie die Kostenersparnis durchgerechnet werden.

Ein durchschnittliches Wärmedämmverbundsystem liegt für ein Einfamilienhaus mit 200 m², wie das der Familie *Heizer,* bei circa 30.000 €.

Die Dämmung des Bodenbereichs liegt für das Beispielhaus bei 10.000 €, die Fußbodenheizung bei 5.500 €.

Die Kosten der einzelnen Posten, können wiederum, je nach Lage des Bestandsgebäudes und der Auftragslage stark schwanken.

	Heizlast	Energie-bedarf	Maßnahmen	Kosten	Kosten nach Förderung (35 % - 45 %)
Ohne Sanierung	17 kW	28.000 kWh	Energieberater	600 €	
			Heizkörpertausch	1000 €	
			Hydraulischer Abgleich	500 €	
			Wärmepumpe	24.900 €	
			Gesamtkosten	**27.000 €**	**14.200 €**
Mit Sanierung	7,5 kW	12.000 kWh	Energieberater	600 €	
			14 cm WDVS Fassadendämmung	30.000 €	
			20 cm Dachdämmung	27.000 €	
			8 cm Bodendämmung	10.000 €	
			Fußbodenheizung + Belag	5500 €	
			Hydraulischer Abgleich	500 €	
			Wärmepumpe	14.400 €	
			Sonstige Kosten	4000 €	
			Gesamtkosten	**92.000 €**	**59.800 €**

Der Aufpreis für die energetische Sanierung beträgt hierbei **45.600 €.**

Die Förderung wird gewährt, wenn der Energieberater die Schritte als notwendig ausweist und das Gebäude anschließend ein **Effizienzhausstandard** aufweist. Die genauen Fördersätze hängen jeweils davon ab, wie sehr der Heizbedarf sinkt. Im Beispiel wurde das Bestandsgebäude auf den *KfW EH 85 EE Standard* gebracht.

In einem Altbau ist das eine der besten Effizienzklassen, die man erreichen kann. Für den KfW 70, 55 oder gar 40 Standard ist meist die Gebäudehülle des Altbaus nicht dicht genug. Diese Werte sind nur bei Neubauten zu erreichen.

Welche Energieklasse am sinnvollsten ist, können wir beim Energieberater erfragen. Meistens muss ein Kompromiss zwischen Mehraufwand für einen besseren Energieeffizienzstandard und den Mehrkosten gefunden werden.

Die Förderung für ein *KfW EH 85 EE Standard* beträgt 30 %. Wenn zusätzlich die Heizanlage zu mindestens 55 % aus erneuerbaren Energien gewonnen wird, erhöht sich der Zuschuss um 5 %. Die Wärmepumpe zählt zu 100 % als erneuerbare Heizungsquelle, unabhängig davon, ob sie mit Ökostrom betrieben wird oder nicht.

Die Förderung entspricht demnach insgesamt 35 %. Bei den Einzelmaßnahmen werden hingegen verschiedene Fördersätze angewandt, beispielsweise 50 % für den Energieberater oder 45 % für den Ölkessel-Austausch. Die Wärmepumpe als Einzelmaßnahme wird deshalb mit ganzen 45 % gefördert.

Wie immer gilt hier, dass wir uns über die aktuellen Förderbedingungen informieren müssen. Die hier dargestellten Fördersätze müssen nicht mehr aktuell sein.

Nachdem Familie *Heizer* die erheblichen Mehrkosten berechnet hatte, tendierten sie dazu, den Mehrpreis der Wärmepumpe zu bezahlen, anstatt ihr Erspartes in Dämmmaßnahmen zu stecken. Jedoch würden sie sich dabei Förderungen in Höhe von über 30.000 € entgehen lassen.

Ob sich die Mehrkosten amortisieren werden, können wir ebenfalls errechnen. Dazu schauen wir uns die Wirtschaftlichkeitsbetrachtung genauer an.

Dabei spielen vor allem die Jahresarbeitszahlen eine wichtige Rolle. Durch die bessere Isolierung der Gebäudehülle lässt sich die JAZ im Mittel um **0,9 Punkte verbessern.**

In unserem Beispiel gehen wir von Jahresarbeitszahlen der Luft-Wasser-Wärmepumpe von **2,8**, für den unsanierten Bau sowie **3,7**, nach der energetischen Sanierung aus.

Bei einem Heizwärmebedarf von 28.000 kWh ergibt das genau 10.000 kWh elektrische Energie. Wenn diese zu 34 ct/kWh zugekauft werden muss, ergeben sich jährliche Heizkosten von 3.400 €.

Im sanierten Fall (12.000 kWh) und einer Jahresarbeitszahl von 3,7, ergibt sich ein elektrischer Bedarf von circa 3.243 kWh und einer jährlichen Belastung von 1.103 €.

Dadurch ergibt sich eine jährliche Ersparnis von circa 2.297 €. Wenn wir die Anschaffungskosten gegenrechnen, ergibt sich eine **Amortisationsdauer von**

$$\mathbf{45.600\ €/2297\ € = 19{,}8\ \textit{Jahren}}.$$

Knapp 20 Jahre hört sich auf den ersten Blick sehr lange an. Ist das rentabel?

Dabei ist jedoch zu beachten, dass die Dämmmaßnahmen praktisch für die Lebenszeit des Gebäudes bestehen. Anders als eine Maschine nimmt die Dämmung mit der Zeit nicht signifikant ab oder hat keine begrenzte Lebensdauer. Das bedeutet auch, dass das Geld nicht einfach ausgegeben wird, sondern in die Aufwertung der Immobilie **investiert** wurde. Ohne die Sanierung würde man die zusätzlichen Heizkosten wortwörtlich **verheizen**.

Zudem wurden im Beispiel wiederum keine Preissteigerungen berücksichtigt. Bei einer moderaten Inflationsrate von nur 2 %, verkürzt sich die Amortisationsdauer um drei Jahre auf 16,9 Jahre.

Für Familie *Heizer* hört sich die Sanierung plausibel an, jedoch hat die vierköpfige Familie genügend Kosten für die beiden Kinder und können kein Eigenkapital von knapp 60.000 € aufbringen.

Jedoch gibt es auch hierfür eine Lösung.

Die *Kreditanstalt für Wiederaufbau*, KfW bietet einen kostengünstigen Kredit ab 0,9 % Zinsen p.a. an. Durch die Zinskosten verzögert sich die Amortisation zwar, jedoch muss die Familie dadurch kein Eigenkapital einsetzen. Die Rate, welche die Familie an die Bank zahlen muss, um den Kredit zurückzuzahlen, ist immer noch deutlich geringer als die Mehrkosten der Heizung, wenn die Familie keine Sanierung vornehmen würde.

Schauen wir uns das Beispiel noch einmal tabellarisch an.

Die Amortisationszeit bezieht sich nicht auf den Vergleich zu einer alten Gas- oder Ölheizung, sondern zu dem Mehrpreis der Sanierung.

		Inkl. Sanierung, aber ohne Finanzierung		
Jahr	Strompreis	Ersparnis pro Jahr	Gesamt-ersparnis	Ersparnis inkl. Investition
1	34,0 ct	2.297 €	2.297 €	-43.303 €
2	34,7 ct	2.343 €	4.641 €	-40.959 €
3	35,4 ct	2.390 €	7.031 €	-38.569 €
4	36,1 ct	2.438 €	9.469 €	-36.131 €
5	36,8 ct	2.487 €	11.955 €	-33.645 €
6	37,5 ct	2.536 €	14.492 €	-31.108 €
7	38,3 ct	2.587 €	17.079 €	-28.521 €
8	39,1 ct	2.639 €	19.718 €	-25.882 €
9	39,8 ct	2.692 €	22.409 €	-23.191 €
10	40,6 ct	2.745 €	25.155 €	-20.445 €
11	41,4 ct	2.800 €	27.955 €	-17.645 €
12	42,3 ct	2.856 €	30.812 €	-14.788 €
13	43,1 ct	2.914 €	33.725 €	-11.875 €
14	44,0 ct	2.972 €	36.697 €	-8.903 €
15	44,9 ct	3.031 €	39.728 €	-5.872 €
16	45,8 ct	3.092 €	42.820 €	-2.780 €
17	46,7 ct	3.154 €	45.974 €	374 €
18	47,6 ct	3.217 €	49.190 €	3.590 €
19	48,6 ct	3.281 €	52.472 €	6.872 €
20	49,5 ct	3.347 €	55.818 €	10.218 €
21	50,5 ct	3.414 €	59.232 €	13.632 €
22	51,5 ct	3.482 €	62.714 €	17.114 €
23	52,6 ct	3.552 €	66.265 €	20.665 €
24	53,6 ct	3.623 €	69.888 €	24.288 €
25	54,7 ct	3.695 €	73.583 €	27.983 €

Im Beispiel wurde eine **Inflationsrate von 2 %** angenommen. Eine Strompreisreduktion beispielsweise durch eine eigene Photovoltaikanlage wurde dabei nicht betrachtet. Diese würde die Amortisationszeit jedoch weiter verkürzen.

Inkl. Sanierung und mit KfW-Finanzierung (Zinssatz 0,9 %)			
Jahr	**Ersparnis pro Jahr**	**Gesamt-ersparnis**	**Ersparnis inklusive Investition**
1	1.887 €	1.887 €	-43.713 €
2	1.933 €	3.820 €	-41.780 €
3	1.980 €	5.799 €	-39.801 €
4	2.028 €	7.827 €	-37.773 €
5	2.076 €	9.903 €	-35.697 €
6	2.126 €	12.029 €	-33.571 €
7	2.177 €	14.206 €	-31.394 €
8	2.228 €	16.434 €	-29.166 €
9	2.281 €	18.716 €	-26.884 €
10	2.335 €	21.051 €	-24.549 €
11	2.390 €	23.441 €	-22.159 €
12	2.446 €	25.887 €	-19.713 €
13	2.503 €	28.390 €	-17.210 €
14	2.561 €	30.951 €	-14.649 €
15	2.621 €	33.572 €	-12.028 €
16	2.681 €	36.254 €	-9.346 €
17	2.743 €	38.997 €	-6.603 €
18	2.806 €	41.803 €	-3.797 €
19	2.871 €	44.674 €	-926 €
20	2.936 €	47.610 €	2.010 €
21	3.003 €	50.614 €	5.014 €
22	3.072 €	53.685 €	8.085 €
23	3.141 €	56.826 €	11.226 €
24	3.212 €	60.038 €	14.438 €
25	3.285 €	63.323 €	17.723 €

Bei der Finanzierung wurden die Mehrkosten von 45.600 € finanziert.

Die Ersparnis pro Jahr ist bei einer Fremdfinanzierung geringer, da dabei zusätzliche Zinsen gezahlt werden müssen. Im Gegenzug dazu muss am Anfang der Investition kein Eigenkapital eingesetzt werden.

Schlussendlich betrachten wir die gesamten Kosten, die über die Jahre entstehen. Diese setzen sich aus Investitionskosten und laufenden Kosten zusammen. Zudem wurde die Möglichkeit eines einfachen Austausches der Ölheizung in das Diagramm eingefügt. Beim Austausch einer alten Ölheizung sehen wir, dass sich die Wärmepumpe bereits nach neun Jahren amortisiert. Dabei wurde jedoch angenommen, dass sich der Ölpreis und Strompreis gleichermaßen entwickeln, was allein aufgrund der steigenden CO_2-Steuernicht der Fall sein wird.

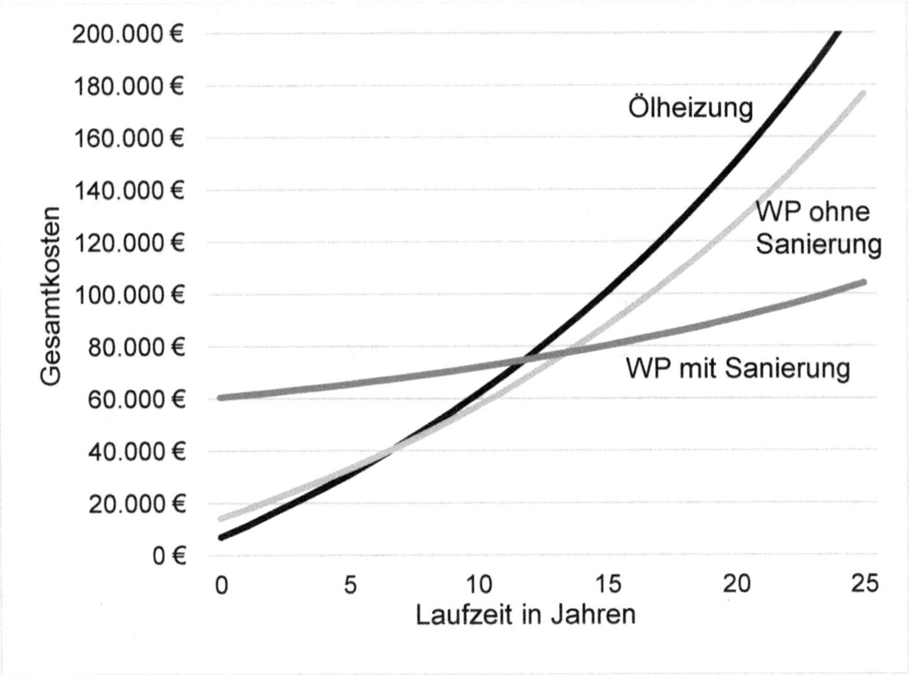

Abbildung 83 Gesamtkosten für das Heizsystem inklusive laufender Kosten; angenommene Inflationsrate 2 %

Auf Grundlage der Kalkulationen entscheidet sich Familie *Heizer,* entgegen der anfänglichen Annahme, doch für eine Sanierung. Dadurch verbrauchen sie nicht nur weniger Energie, sondern machen sich auch unabhängiger von steigenden Strompreisen. Zudem heben sie den Wert ihrer Immobilien für einen eventuellen Verkauf deutlich an. Damit haben wir das letzte Beispiel berechnet.

Wie immer müssen wir die Kosten für ein Gebäude individuell berechnen. Die Beispiele dienen als Leitfaden, um die eigenen Kosten zu kalkulieren, nicht um die Zahlen zu übernehmen. Jedoch haben die Beispiele gezeigt, dass sich eine gut durchdachte Wärmepumpe fast ausnahmslos rentiert. Sowohl monetär, umwelttechnisch als auch im Hinblick auf die Zukunft.

9 Schlusswort

Damit sind wir am Ende dieses Einsteigerratgebers rund um das Thema Wärmepumpen angekommen.

Wir haben die Grundlagen der Physik und den technischen Aufbau der Wärmepumpen kennengelernt. Wir wissen, wie man eine Wärmepumpe sinnvoll auslegt und worauf es zu achten gilt. Die Fallbeispiele haben gezeigt, dass Wärmepumpen, sowohl aus finanzieller als auch aus ökologischer Sicht, sinnvoll sind.

Natürlich war dies nur ein kleiner Anriss. Über viele der jeweiligen Themen könnte man ein ganzes Buch verfassen. Das Wichtigste ist, sich mit dem Thema auseinanderzusetzen und dabei das Potenzial, aber auch die Herausforderungen, im Auge zu behalten.

Die Energiewende ist in vollem Gange, ständig gibt es Neuerungen. Wir müssen immer auf dem neuesten Stand bleiben und dürfen uns nicht vor Neuerungen und Fortschritt verschließen.

Und jetzt ist es höchste Zeit, den Beispielen zu folgen und das angeeignete Wissen in die Tat umzusetzen, um sich unabhängiger von fossilen Rohstoffen und totalitären Regimen zu machen. Wir haben es selbst in der Hand!

„Erdöl und Erdgas haben ähnliche Eigenschaften wie Suchtgift: Ihr Konsum ist kurzfristig angenehm, aber sie haben schädliche Folgewirkungen: Klimawandel, Finanzierung von nicht demokratischen Diktaturen in Förderländern, Abhängigkeit von Lieferanten."

-Dr. Reinhard Schanda zur Konferenz der Energiewirtschaft (EPCON 2011), April 2011 (Zitat gekürzt)

Auf den nächsten Seiten ist eine umfangreiche Checkliste, welche Gedanken wir uns bei der Planung und dem Kauf machen müssen. Falls du das Buch als E-Book lesen möchtest, dann blättere direkt um und fordere das E-Book direkt vom Autor an!

CHECKLISTE WÄRMEPUMPEN

Die folgende Checkliste dient als Leitfaden, welche Fragen wir uns sowohl bei der Auslegung als auch bei der Umsetzung stellen müssen.

Zunächst müssen Fragen bezüglich des Gebäudes und den individuellen Wünschen gestellt werden. Dabei kommt es stark auf die Art des Gebäudes an (Alt-/Neu/-Bestandsbau).

Machbarkeit

Heizbedarf

- ☐ Wurde der bisherige Heizbedarf ermittelt?
- ☐ Wurde ein Energieberater aufgesucht?
- ☐ Wie viele Bewohner sind vorhanden (250 W Heizlast pro Person)?
- ☐ Wurde der Wirkungsgrad der Bestandsanlage bei der Berechnung miteinbezogen?

  Hochtemperaturheizbrenner 75 %

  Niedertemperaturheizbrenner 90 %

  neuere Gasthermen bis zu 97 %

Neubau

- ☐ Wie ist das persönliche Wärmeempfinden?
- ☐ Ist ein Effizienzhaus (KfW 40+) etc. angestrebt?
- ☐ Ist der Wärmebedarf überdurchschnittlich, z. B. ist eine Raumtemperatur von 24 °C gewünscht?
- ☐ Ist ein Pufferspeicher sinnvoll?
- ☐ Ist der Heizraum ausreichend groß ausgelegt?
- ☐ Wird ein Belüftungssystem integriert?
- ☐ Werden Smart Home Komponenten verbaut?

Bestandsgebäude

- ☐ Ist der bisherige Verbrauch „normal"? (Online vergleichen)
- ☐ Sind größere Heizkörper oder Niedertemperaturheizkörper notwendig?
- ☐ Ist eine Fußbodenheizung vorhanden?
- ☐ Ist das Gebäude bereits ausreichend gedämmt?
- ☐ Fassade
- ☐ Dach
- ☐ Fenster
- ☐ Boden

Altbau

- ☐ Wann war die letzte Sanierung?
- ☐ Was wurde dabei saniert?
- ☐ Rentiert sich eine Sanierung aktuell?
- ☐ Ist eine Effizienzhausförderung möglich?
- ☐ Ist ein zentrales Heizungssystem verbaut?
- ☐ Ist eine Hybridlösung sinnvoll?
- ☐ Sind größere Heizkörper notwendig?
- ☐ Kann die Vorlauftemperatur auf maximal 55 °C abgesenkt werden?

CHECKLISTE WÄRMEPUMPEN

Die Wirtschaftlichkeit muss individuell berechnet werden. Vor allem die Förderungen verändern sich im Laufe der Jahre stetig. Zudem bringen Energiesparmaßnahmen in der Regel die höchste Rendite.

Kalkulation

Wirtschaftlichkeit

- ☐ Welche Förderungen gibt es aktuell?
- ☐ Sind zinsgünstige Darlehen verfügbar und werden benötigt? (Sanierungen können meistens mitfinanziert werden.)
- ☐ Ist eine Sanierung auf Effizienzhausstandard rentabler?
- ☐ Welche JAZ ist realistisch?
- ☐ Ist das Angebot des Installateurs wirtschaftlich darstellbar?
- ☐ Wurden marktübliche Preise aufgeführt? (Vergleichen!)
- ☐ Wird eine realistische Lebensdauer angenommen? (max. 20 - 25 Jahre)
- ☐ Wurden die Wartungskosten in die Kalkulation einbezogen?
- ☐ Sind Energiepreissteigerungen berücksichtigt?
- ☐ Fand eine Inflationsanpassung statt?
- ☐ Ist günstiger Photovoltaikstrom vorhanden oder geplant?
- ☐ Ist ein Wärmepumpentarif möglich und sinnvoll? (Sperrzeiten beachten)

Geräteauswahl

- ☐ Ist es ein Gerät eines namenhaften Herstellers?
- ☐ Gibt es Erfahrungsberichte?
- ☐ Ist eine passende Leistungsklasse vorhanden?
- ☐ Ist ein EHPA-Siegel vorhanden? (Nicht von A+++ täuschen lassen)
- ☐ Ist der COP mindestens durchschnittlich?
- ☐ Reicht die Leistung bzw. der COP bei der gewünschten Vorlauftemperatur?
- ☐ Ist das Gerät förderfähig? (Aktuelle Förderungen beachten)
- ☐ Ist eine KNX-Schnittstelle vorhanden?
- ☐ Wird eine besonders ruhige Wärmepumpe benötigt?
- ☐ Ist die Wärmepumpe SG-Ready?
- ☐ Ist eine Kühlfunktion vorhanden?
- ☐ Sind unter 3 kg Kältemittel enthalten?
- ☐ Ist eine Splitt-Pumpe oder ein Monoblock gewünscht?
- ☐ Ist es ein Invertergerät?

CHECKLISTE WÄRMEPUMPEN

Bei der Umsetzung ist stets eine hohe JAZ anzustreben. Daher ist eine Grundwasserwärmepumpe die erste Wahl. Falls diese nicht umsetzbar ist, ist eine Erdreich-Wärmepumpe die zweiteffizienteste Lösung. Die Luft-Wasser-Wärmepumpe sollte nur als dritte Lösung verwendet werden!

Auswahl des Wärmepumpentyps

Grundwasser-Wärmepumpe

- ☐ Ist eine Grundwasserwärmepumpe möglich? (Wasserschutzgebiet beachten)
- ☐ Ist Grundwasser vorhanden und nutzbar?
- ☐ Ist die Grundwasserqualität in Ordnung?
- ☐ Haben Nachbarn bereits Wärmepumpen, Brunnen oder Probebohrungen vorgenommen?
- ☐ Ist die Grundwasserströmung ausreichend? (200 l/h pro 1 kW Heizlast)

Luft-Wasser-Wärmepumpe

- ☐ Ist der Boden versiegelt? (Abfluss notwendig)
- ☐ Sind Geräuschemissionen ein Problem?
- ☐ Ist das Gerät gegen die Windrichtung aufgestellt?
- ☐ Sind Pflanzen im unmittelbaren Luftauslass?

Erdreich-Wärmepumpe

- ☐ Ist eine Erdreich-Wärmepumpe möglich? (gute JAZ)
- ☐ Ist die Erdreichsqualität passend? (Wärmeleitfähigkeit und Härte)
- ☐ Wie hoch ist die Heizleistung? Wie viel Fläche wird benötigt? (Bis zu 2 m² pro 1 m ² beheizter Wohnfläche)
- ☐ Ist genügend Platz für einen Flächenkollektor vorhanden?
- ☐ Ist genügend Platz für einen Ringgrabenkollektor vorhanden?
- ☐ Wie tief müssen die Sonden sein? Wie viele Sonden? (0,05 kW pro Meter)
- ☐ Wie viele Sonden müssen verbaut werden?

Auswahl des Heizungsfachbetriebs

- ☐ Ist bereits Erfahrung mit Wärmepumpen vorhanden?
- ☐ Werden individuelle Fragen gestellt?
- ☐ Werden alle Arten (WW-, SW-, LW-WP) vorgeschlagen und besprochen?
- ☐ Wird eine Heizlastberechnung durchgeführt? (oder Verweis auf Energieberater)
- ☐ Sind die Preise vergleichbar dargestellt?
- ☐ Wie ist die Gewährleistung geregelt?
- ☐ Erfolgt ein hydraulischer Abgleich?
- ☐ Wird die Installation dokumentiert?
- ☐ Können Teile der Installation in Eigenleistung übernommen werden?
- ☐ Wird eine Mindest-JAZ zugesichert?

CHECKLISTE WÄRMEPUMPEN

Auch nach der Installation gibt es im laufenden Betrieb einige Einstellungen vorzunehmen. Denn die beste Kalkulation und Heizlastberechnung zahlt sich nicht aus, wenn die Realität völlig andere Werte ausgibt.

Einstellungen, Wartung, Kontrolle

Kontrolle der Leistungszahlen

- ☐ Ist die JAZ im abgeschätzten Bereich? Wenn nicht, Kontakt mit Installateur und/oder Hersteller aufnehmen!
- ☐ Ist der Wärmebedarf wie errechnet? Bei Sanierung: Abgleich mit Kalkulation
- ☐ Liegt der Heizstabeinsatz im akzeptablen Bereich? (<5 % des Energieeinsatzes)
- ☐ Ist die Taktung der Anlage in Ordnung? (maximal 3-mal pro Stunde)
- ☐ Bei Wärmepumpentarif: Ist die Abrechnung korrekt?
- ☐ Werden die Sperrzeiten eingehalten?
- ☐ Stimmen die Vorlauf- und Rücklauftemperaturen mit den Einstellungen überein?

Einstellungen und Wartung

- ☐ Tritt an den Übergangsstellen ins Haus Kondenswasser aus?
- ☐ Ist der Durchfluss durch die Heizkörper gleichmäßig? Wenn nicht: Hydraulisch abgleichen!
- ☐ Treten Fehler auf? Fehler können oftmals per Fernwartung behoben werden.
- ☐ Ist die Heizkurve optimal eingestellt?
- ☐ Muss ggf. ein Pufferspeicher nachgerüstet werden?
- ☐ Funktioniert die Photovoltaikanbindung?
- ☐ Optional: Funktioniert die Ansteuerung über Smart Home?

Gratis E-Book

Danke, dass du dir dieses Buch gekauft hast. Da der Buchdruck direkt von Amazon übernommen wird und ich keinen Einfluss auf die Qualität der Bilder habe, kann es sein, dass vereinzelt Details verloren gehen.
Deshalb biete ich beim Buchkauf das E-Book in Farbe gratis als PDF-Datei an. Dort finden sich alle Bilder hochauflösend, und man erhält immer die aktuelle Version.
Dazu schicke eine Nachricht mit dem Betreff „Wärmepumpen-E-Book“ sowie einen Screenshot des Kaufs oder einen Nachweis über die Bestellung an folgende E-Mail-Adresse (private Daten können geschwärzt sein):

BenjaminSpahic@pbd-verlag.de

Ich werde dir das E-Book umgehend zukommen lassen.
Wenn dir etwas fehlt, nicht gefallen hat, oder du Verbesserungsvorschläge bzw. Fragen hast, schreib mir gerne eine E-Mail.
Wenn dir das Buch gefallen hat, würde ich mich über eine positive Bewertung bei Amazon freuen. Das hilft der Sichtbarkeit des Buchs und ist das größte Lob, das ein Autor bekommen kann.

Dein Benjamin

Über den Autor

Benjamin Spahic ist ein aufstrebender Technik-Autor und Experte auf dem Gebiet der Elektrotechnik und Erneuerbaren Energien.
Benjamin ist zudem zertifizierter Energieberater und hat einen Master-Abschluss in der Informationstechnik mit Schwerpunkt auf Energietechnik und Erneuerbaren Energien.

Während seines Studiums war Benjamin als Schülerhilfe und ehrenamtlicher Nachhilfelehrer tätig. Gleichzeitig sammelte er praktische Erfahrung bei der Siemens AG am Standort Karlsruhe in der Hardware-Entwicklung.
Benjamin verwendet in seinen Büchern einer leicht verständlichen Sprache, um seine weitreichende Expertise zu vermitteln.

Seine Werke werden in diversen Schulen, Universitäten und Weiterbildungskursen verwendet. Zudem wurden zahlreiche seiner Werke übersetzt.
Benjamins Ziel ist es, preiswerte Bildung einer breiten Masse an Lesern zugänglich zu machen und dadurch die Expertise im Bereich der Technik zu fördern.

Passend zu diesem Buch:

Photovoltaik und Batteriespeicher ohne Vorkenntnisse: Innerhalb von 7 Tagen zur eigenen Stromerzeugung,

ISBN: 979-8784538543

Exklusiv auf Amazon kaufen:

https://www.amazon.de/dp/B09NH3B284

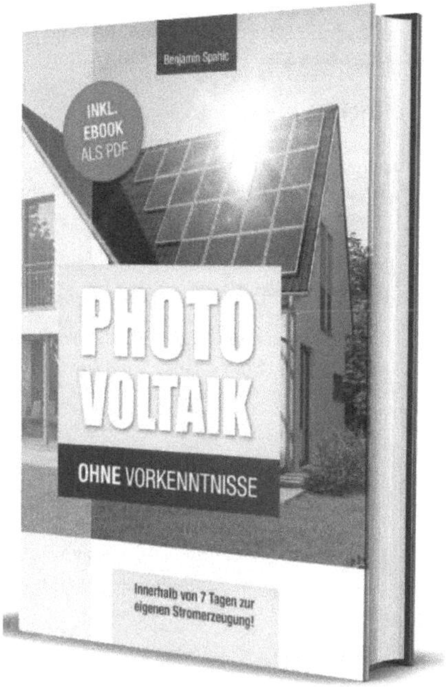

ZUM BUCH!

Quellen und weiterführende Literatur:

Internetquellen:

Bundesverband Wärmepumpen EV
https://www.waermepumpe.de
https://de.statista.com/
https://www.bafa.de/DE/Home/
https://de.wikipedia.org/ (diverse Artikel)
https://www.youtube.com/user/Energiesparkommissar
https://www.youtube.com/c/DerFachwerker

Buchquellen:

Verbraucherzentrale NRW – Ratgeber Heizung: Wärme und Warmwasser für mein Haus (ISBN 3863361679) Stand 04/22
Stiftung Warentest – Photovoltaik & Batteriespeicher: (ISBN: 3747103952) Stand 04/22
Benjamin Spahic – Photovoltaik ohne Vorkenntnisse (ISBN 979-8784538543) Stand 03/22
Benjamin Spahic – Elektrotechnik ohne Vorkenntnisse (ISBN 979-8647892232) Stand 03/22

Bildnachweise:

Alle nicht genannten Inhalte wurden vom Autor selbst erstellt. Er ist daher Urheber der Grafiken und hat die Vewendungs- sowie Verbreitungsrechte. Die Grafiken in diesem Buch wurden mit Ressourcen von Flaticon.com gestaltet.

Abbildung 1	Daten von Bundesverband Wärmepumpen EV
Abbildung 9	Europäische Kommission
Abbildung 11	https://pixabay.com/de/photos/pellets-trinken-brennstoff-heizung-4844847/
Abbildung 12	https://de.wikipedia.org/wiki/EcoBlue_2.0#/media/Datei:Fp20_Blockheizkraftwerk.jpg *
Abbildung 17	https://dimplex.de/productfinder_assets/Web-Media/Montageanweisungen_SYS/6_Regler/dimplex_wpm-touch_fd0101_bedienung_de.pdf
Abbildung 25	https://www.noventec.de/produkte/erdwaerme/erdflaechenkollektor/
Abbildung 26	https://www.noventec.de/produkte/erdwaerme/grabenkollektor/
Abbildung 27	Bundesverband Wärmepumpen EV
Abbildung 30	https://pixabay.com/de/photos/w%c3%a4rmepumpe-gas-energie-verl%c3%a4ngerbar-6209793/
Abbildung 31	https://www.vaillant.de/heizung/produkte/luft-wasser-warmepumpe-arotherm-plus-194816.html
Abbildung 33	https://www.vaillant.at/privatanwender/produkte/luft-wasser-warmepumpe-arostor-106688.html
Abbildung 35	https://pixabay.com/de/photos/solarwassererhitzer-solar-wasser-331316/
Abbildung 36	https://www.ehpa.org/
Abbildung 42	https://www.bafa.de/DE/Home/
Abbildung 43	https://www.bafa.de/SharedDocs/Downloads/DE/Energie/beg_em_foerderuebersicht.html?nn=15129584
Abbildung 52	https://www.waermepumpe.de/schallrechner/
Abbildung 53	https://pixabay.com/de/photos/schaltanlage-schaltschrank-2069791/
Abbildung 66	https://pixabay.com/de/photos/k%C3%BChler-cpu-l%C3%BCfter-l%C3%BCfter-metall-447488/
Abbildung 68	https://www.kermi.de/raumklima/produkte/flachheizkoerper/x-flair/
Abbildung 70	https://pixabay.com/de/vectors/smart-home-haus-technik-multimedia-2005993/
Abbildung 73	https://www.ise.de/produkte/smart-connect-serie/vaillant

FSC
www.fsc.org
MIX
Papier | Fördert gute Waldnutzung
FSC® C083411

Kolibri 360 GmbH
Ferdinand-Jühlke-Straße 7
99095 Erfurt, Deutschland
produktsicherheit@kolibri360.de